Bunjod Mamarahimov
Shuhrat Otazhonov
Shadman Namazov

Questões de produção primária de sementes de algodão

Bunjod Mamarahimov
Shuhrat Otazhonov
Shadman Namazov

Questões de produção primária de sementes de algodão

Melhoria da produção de sementes

ScienciaScripts

Imprint

Cover image: www.ingimage.com

This book is a translation from the original published under ISBN 978-620-8-17001-1.

Publisher:
Sciencia Scripts
is a trademark of
Dodo Books Indian Ocean Ltd. and OmniScriptum S.R.L publishing group

120 High Road, East Finchley, London, N2 9ED, United Kingdom
Str. Armeneasca 28/1, office 1, Chisinau MD-2012, Republic of Moldova, Europe
Printed at: see last page
ISBN: 978-620-8-27920-2

Mamarakhimov Bunyod Ikramovich
Otazhonov Shukhrat Ibrayimjonovich Otazhonov
Namazov Shadman Ergashovich Namazov
Malokhat Babamuradovna Khalikova

QUESTÕES RELATIVAS À PRODUÇÃO PRIMÁRIA DE SEMENTES DE ALGODÃO

MINISTÉRIO DA AGRICULTURA
REPÚBLICA DO UZBEQUISTÃO
CENTRO NACIONAL PARA O CONHECIMENTO E A INOVAÇÃO
AGRICULTURALMENTE

Mamarakhimov B.I., Otazhonov Sh.I., Namazov Sh.E., Khalikova M.B.

QUESTÕES RELATIVAS À PRODUÇÃO PRIMÁRIA DE SEMENTES DE ALGODÃO

UDC: **633.51:575:631.52**

A monografia é dedicada às questões de aperfeiçoamento dos métodos de produção de sementes aplicados nas explorações agrícolas da República com base na análise comparativa de experiências científicas e práticas de produção de sementes de elite efectuadas em variedades de algodão. Trata-se do estudo dos métodos de cultivo de sementes de super-elite e de elite utilizados na prática mundial e do desenvolvimento de métodos convenientes de cultivo de sementes de algodão originais e de super-elite com base nos mesmos, da influência do método de autopolinização na preservação das caraterísticas económicas, dos indicadores tecnológicos da qualidade das fibras, da produtividade e do rendimento das variedades.

A monografia pode ser utilizada por criadores de sementes e cientistas de sementes, criadores de plantas, investigadores, estudantes de graduação e pós-graduação.

INTRODUÇÃO

A condição mais importante para aumentar a quantidade e melhorar a qualidade da produção de algodão é a melhoria da produção e da preparação de sementes, que passaram no teste estatal, variedades registadas protegidas por patentes. Os principais problemas neste domínio são os seguintes: fraca integração da reprodução, do ensaio de variedades, da produção de sementes e do controlo da qualidade das sementes; investimento insuficiente no sistema de produção de sementes; falta de um sistema coerente de identificação de variedades e de garantia da qualidade das sementes em todas as fases - da reprodução ao consumidor de sementes; formação insuficiente do pessoal para trabalhar nas novas condições de mercado.

Até à data, continua a ser problemática a introdução de um regime de mercado moderno para a produção e transformação de sementes de super-elite, de elite e de reprodução, bem como o restabelecimento de um sistema de controlo da qualidade das sementes que satisfaça os requisitos das normas e regras internacionais.

Nesta base, foi-nos colocada a questão da necessidade de estudar os problemas reais do desenvolvimento da produção de sementes de algodão, de levar a cabo desenvolvimentos científicos pormenorizados destinados a melhorar o trabalho de produção de sementes nas condições de transição da produção de sementes para a propriedade privada nas explorações agrícolas.

O cumprimento destas tarefas depende, em grande medida, do trabalho bem estabelecido das explorações de sementes de elite, que são responsáveis pela produção da quantidade necessária de sementes de super-elite, de elite, pela preservação da tipicidade da variedade de reprodução, das suas caraterísticas economicamente valiosas e das propriedades tecnológicas da fibra.

A revisão analítica da literatura sobre as investigações científicas de cientistas estrangeiros efectuadas no domínio do melhoramento e da produção de sementes de culturas agrícolas mostra a eficácia de diferentes métodos de produção de sementes de super-elite e de elite.

Os cientistas dos principais países produtores de algodão, como os EUA, a China, a Índia, o Brasil, a Austrália, etc., estão a realizar uma investigação intensiva sobre a produção de variedades de algodão geneticamente alinhadas, padrões de herança, variabilidade, processos de formação e correlação de caraterísticas para utilização na produção prática de sementes.

Como resultado da investigação de cientistas estrangeiros sobre a aplicação de vários métodos de produção de sementes de algodão de elite, foram reveladas as suas vantagens e algumas desvantagens existentes. Foi confirmada a eficácia dos métodos utilizados para criar variedades semeadas geneticamente homogéneas de determinado valor para o processo de produção de sementes.

Além disso, constatam a importância e a necessidade de estudar alguns aspectos metodológicos para melhorar os métodos de alinhamento de material de sementes geneticamente homogéneo e a sua utilização na produção de sementes. É também efectuada uma investigação intensiva sobre a preservação e o melhoramento da maturidade precoce, do rendimento elevado e da qualidade da fibra das variedades de algodão. Considera-se que o método mais eficaz e mais rápido de selecionar os melhores tipos de algodão é a seleção individual combinada com a autopolinização e o subsequente teste da descendência. O efeito da autopolinização na viabilidade e noutras propriedades das variedades e formas de algodão foi estudado por muitos cientistas, mas não há consenso sobre esta questão.

A investigação sobre o estudo e a seleção de métodos de produção de sementes de elite está a ser ativamente conduzida. Desde 1985, a questão dos métodos de produção de sementes de algodão de elite tem sido objeto de debate. A controvérsia não diminuiu até à data. Este facto explica-se por duas razões. A primeira é que, ao contrário de outras culturas, o obtentor original de uma variedade de algodão não participa na produção de sementes de elite após a sua libertação. Em relação a todas as culturas, tanto nacionais como estrangeiras (incluindo o algodão), todos os anos o próprio criador da variedade prepara sementes de elite segundo o método que considera mais adequado para a preservação da variedade ou para o seu melhoramento. Em seguida, transfere-as para explorações especiais para multiplicação.

Com base nos métodos utilizados, nem sempre é possível conservar variedades com parâmetros elevados de caraterísticas economicamente valiosas.

Todos os anos, cada exploração de elite procede à raspagem das famílias no campo, à colheita das melhores plantas sob a forma de selecções individuais, a amostras de teste de famílias selecionadas, bem como a recolhas família a família para análises laboratoriais. O material estatístico obtido é processado com a ajuda de uma calculadora, depois são compiladas séries de variação, são determinados índices médios que reflectem a qualidade dos materiais de elite, a rejeição é efectuada com a comparação de todos os sinais que caracterizam a família e os índices médios das séries de variação das famílias e das selecções individuais. O carácter pesado das análises e do tratamento dos seus resultados levanta a questão de melhorar este processo de trabalho intensivo, envolvendo métodos de informação modernos, incluindo a utilização de programas informáticos.

A metodologia atual para o trabalho de elite utiliza parâmetros desactualizados para avaliar a qualidade da fibra, como a resistência da fibra e o comprimento dos fios em mm, o que já não corresponde às normas internacionais, em que os parâmetros são dados de acordo com o sistema HVI. É necessário passar a utilizar a avaliação das propriedades tecnológicas da fibra, que é válida nos principais países produtores de algodão do mundo e aceite no mercado mundial do algodão.

Para o desenvolvimento de métodos de avaliação e rejeição de material de elite, as questões relacionadas com a redução dos custos de trabalho intensivo e moroso do cálculo das séries de variação, o aumento da qualidade e da competitividade do algodão em bruto e da fibra no mercado mundial são de importância primordial. Os indicadores qualitativos e quantitativos da fibra de algodão produzida e de outros subprodutos dependem em grande medida do nível de seleção e rejeição do material de sementeira. Os meios modernos de equipamento de escritório (computadores) permitem simplificar o processo de trabalho intensivo de processamento estatístico de dados iniciais sobre material de elite de variedades de algodão multiplicadas. A seleção individual, a limpeza e a rejeição de famílias são efectuadas por criadores de sementes com qualificações diferentes, que nem sempre podem fazer uma avaliação fiável das famílias restantes, não são capazes de reconhecer o genótipo exigido pelo autor e, como resultado de uma seleção e rejeição erradas das famílias, pode haver uma perda completa ou uma deterioração acentuada das caraterísticas originais de valor económico, respetivamente, das qualidades tecnológicas da fibra. Por conseguinte, é necessário melhorar os métodos de produção de sementes originais com vista a preservar as caraterísticas de valor económico da variedade, com base na manutenção da homogeneidade genética das sementes produzidas com qualidades varietais e de sementeira e na obtenção de um número suficiente de sementes para a renovação varietal.

O objetivo da nossa investigação foi efetuar uma análise comparativa da experiência científica e prática acumulada no desenvolvimento da produção de sementes de elite e adaptar os métodos mais aceitáveis às condições emergentes da produção de sementes pelas explorações agrícolas da República, estudar os métodos de produção de sementes de super-elite e de elite utilizados na prática internacional e desenvolver, com base neles, o método mais aceitável de produção de sementes de algodão originais e de super-elite com a inclusão de um programa informático para a automatização da produção de sementes originais e de super-elite.

Para atingir o objetivo pretendido, são formulados os seguintes objectivos de investigação:

- simplificação do processo de tratamento estatístico dos resultados das análises laboratoriais do material de elite;

- com base em métodos internacionalmente aplicados de produção de sementes de super elite para melhorar as ligações individuais (elementos) das actividades de produção de sementes nas explorações de sementes.

- avaliação comparativa da eficiência reprodutiva de sementes de algodão originais e superelite de acordo com a metodologia atual e proposta;

- introdução, nas explorações de sementes de elite, da avaliação das propriedades tecnológicas de base da fibra de amostras experimentais e de selecções individuais de acordo com o sistema internacional HVI, geralmente aceite nos principais países produtores de algodão do mundo;

- Melhorar a precisão e a fiabilidade dos resultados de rejeição para selecionar as melhores famílias de uma variedade propagada com parâmetros de qualidade de acordo com parâmetros internacionais, a fim de manter ou melhorar as caraterísticas de qualidade das fibras da variedade;

- Desenvolver programas informáticos para uma avaliação mais rápida e fiável do material de autor para utilização no trabalho de reprodução e produção de sementes, na fase final de formação e desenvolvimento de variedades;

- Identificação do efeito da autopolinização na pureza varietal do material de sementes de elite;

- identificação da variante óptima de seleção modal de plantas e famílias com o objetivo de alterar a estrutura da variedade na direção desejada no grupo de plantas correspondente.

A importância dos resultados da investigação reside no facto de, com base na autopolinização, ter sido confirmada a eficácia da criação de material de raça pura de variedades de algodão multiplicadas. Com base na análise da aplicação de vários métodos de produção de sementes originais de algodão, foi revelada a capacidade de variabilidade e a dependência da correlação das principais caraterísticas de valor económico das sementes de variedades propagadas em diferentes regiões da república. Foi melhorada a metodologia de produção de sementes de super-elite e elite de variedades registadas e novas.

CAPÍTULO i REVISÃO DA LITERATURA

§1.1 A produção de sementes primárias como fundamento da base teórica e prática para a realização do potencial de uma variedade

A variedade é a verdadeira base do crescimento, da estabilização da produção e da melhoria da qualidade da produção vegetal. Está estreitamente relacionada com as condições naturais e climáticas, as tecnologias zonais, os meios técnicos, o nível de gestão do sector e determina o destino das espécies cultivadas e a propagação de novas espécies [65.P. 5-16, 66. P. 536, 153. P. 686, 252. P. 34-36].

Os principais requisitos que as novas variedades devem satisfazer são um elevado grau de adaptação às condições da zona proposta para o seu crescimento, parâmetros específicos de produtividade, qualidade, resistência a stresses abióticos e bióticos, estabilidade dos rendimentos em condições hidrotérmicas instáveis. As novas variedades devem ultrapassar as cultivadas na zona em termos dos principais indicadores. Estas disposições constituem a base do conceito de modelo de variedade e determinam abordagens para resolver o problema da otimização do processo de melhoramento.

Uma direção promissora é a utilização de tecnologias informáticas que proporcionem apoio informativo ao processo de melhoramento, desde a investigação laboratorial até à experimentação no terreno, permitindo analisar e utilizar prontamente informações temáticas, agrometeorológicas, tecnológicas, analíticas e outras.

Atualmente, as bases de dados informáticas são as mais utilizadas para resolver problemas de reprodução e genéticos, bem como de produção:

- passaporte, que contém os principais parâmetros das amostras de recolha

(nome da cultura, nome botânico do espécime, local de origem, etc.);

- descritivo, contendo caraterísticas fenotípicas de base (traços hereditários, registados visualmente, constantes em todas as condições);
- avaliativas, incluindo caraterísticas dependentes do impacto de factores ambientais (rendimento e outros traços economicamente valiosos,

indicadores genéticos, bioquímicos, anatómicos, fisiológicos e morfológicos, resistência a doenças e a factores ambientais adversos) [34. C. 32-40].

Os meios modernos de equipamento de escritório (computadores) permitem simplificar o processo de trabalho intensivo de processamento estatístico dos dados iniciais sobre o material de elite da variedade de algodão multiplicado, para evitar erros relacionados com o fator humano. A fim de utilizar estes meios de equipamento administrativo na prática de produção de sementes das explorações de elite da República, está planeado desenvolver um programa informático especial disponível para cada produtor de sementes.

O trabalho, com base no programa desenvolvido, pressupõe a introdução na produção nacional de sementes da prática de avaliação das propriedades tecnológicas de amostras experimentais, o que não foi feito até agora, de acordo com o sistema internacional HVI, geralmente aceite nos principais países produtores de algodão do mundo. Isto permitirá distinguir com maior precisão e fiabilidade as melhores sementes de variedades multiplicadas por fibra, de acordo com parâmetros internacionais, e assim controlar, preservar e, em alguns casos, até melhorar as caraterísticas de qualidade da fibra de algodão, o principal produto da cultura do algodão [191. P. 110-112].

Se uma pessoa continua a selecionar e a reforçar um traço caraterístico, é quase certo que modifica involuntariamente outras partes da estrutura devido às misteriosas leis da correlação [67. P. 350].

A doutrina das correlações, relegada para segundo plano pela ideia do organismo como um mosaico, volta a surgir na sequência do estabelecimento de ligações genéticas e de uma compreensão mais profunda da interligação das funções e dos órgãos do organismo e do estabelecimento de correlações morfofisiológicas. Assim, combinam-se dialeticamente fenómenos contraditórios: por um lado, grandes possibilidades de rearranjo das propriedades e dos traços que distinguem os organismos, as raças, as variedades e, consequentemente, grandes possibilidades de criação prática e, por outro lado, factos indubitáveis da existência de correlações [49.P.20-40 , 50. P.262-287, 260. P.137-141].

Como produto da seleção natural e artificial, as correlações e as séries de correlações desempenham um papel essencial na transformação evolutiva das plantas e dos animais. Cada traço insignificante, aparentemente insignificante, faz crescer uma multidão de traços relacionados e torna-se assim um elemento do programa de evolução futura [37. P. 23-60].

Se no século XIX e na primeira metade do século XX os cientistas descreviam principalmente correlações entre caraterísticas morfológicas, embriológicas, ecológicas, psicofisiológicas, biogeográficas nos mais diversos grupos de criaturas, na segunda metade do século XX e atualmente presta-se cada vez mais atenção à utilização de correlações, em primeiro lugar, na reprodução e na sistemática[37. P.23-60].

Podem ser dados muitos exemplos desta utilização das correlações. Limitemo-nos a dar os seguintes.

Foi demonstrado que a seleção da beterraba forrageira pelo comprimento da raiz permite aumentar o peso médio dos frutos, mas conduz a uma diminuição do teor de matéria seca [271. P. 66-57].

A seleção para um elevado e baixo teor de gordura nas sementes de milho conduz a uma fertilidade reduzida, maturidade precoce e resistência a baixas temperaturas [250. P. 163-222].

A seleção para aumentar a grossura das sementes de trigo mourisco conduz a um aumento do rendimento desta cultura. Um exemplo é a variedade Bogatyr, criada por Shatilov exatamente pelo método de seleção múltipla da fração grosseira de uma variedade local da província de Orel [251. P. 179].

A identificação de uma relação estreita entre o peso das espigas por planta, bem como entre o peso da espiga principal e a produtividade de grãos, tornou possível abandonar a seleção para a produtividade de grãos das culturas de espigas e selecionar o peso total das espigas ou o peso da espiga principal. Esta seleção permite eliminar todo o material improdutivo das plantas selecionadas no campo, mesmo antes da debulha [158. P.373, 159. P.284,165 P.162]. Há relatos de que é possível distinguir novos tipos de plantas na fase de plântula, com base numa correlação significativa entre os traços das plantas jovens e adultas [240. P.130-132].

Os factores desfavoráveis, sob a forma de défice de humidade, forte salinidade, nutrição insuficiente, acumulação de microflora patogénica do solo e algumas pragas, sempre refrearam o crescimento da produtividade das culturas cerealíferas quando estas são colocadas sobre as suas antecessoras. Cerca de 60% das culturas de cevada de primavera no Quirguizistão estão concentradas em zonas agrícolas de sequeiro, onde os rendimentos dependem totalmente da humidade natural. A maior quantidade de precipitação nestas zonas cai no inverno e no início da primavera, enquanto nos meses de verão é escassa e não tem um impacto significativo na formação do rendimento. O impacto negativo da seca é intensificado pela ação de fortes ventos secos, aos quais estão expostas grandes áreas de terras de sequeiro no Vale do Chui [39.]. Todos os componentes da composição química do grão variam consideravelmente em função das propriedades genéticas das variedades e das condições de cultivo [98. P.57-58].

Um dos principais indicadores da qualidade do grão de cevada e das suas propriedades forrageiras e cervejeiras é a composição química do grão. O valor nutritivo depende do teor de proteínas e de amido do grão. As outras substâncias presentes no grão são em menor quantidade e têm menos valor nutritivo [204. P.6-9, 218.].

O sistema de proteção integrada das plantas, embora permita aumentar o nível de realização do potencial genético de uma variedade, funciona como um conjunto importante, mas esquemático, de técnicas e métodos de influência sobre as plantas e o ambiente agro-ecológico externo, sem uma profunda fundamentação evolutivo-genética e ecológico-genética dos componentes de todo o sistema de produção agrícola adaptativa, poupadora de recursos e energia e ecologicamente segura [88. C. 432, 89. P. 767, 158.P. 373, 159.P. 284, 177.P. 121-123, 184.P. 116-117, 266.P. 594, 270. C. 336]. É necessário, do nosso ponto de vista [162. P. 43-48,163. P. 31, 168. P. 364 , 169. P. 301], aprofundar o conceito biológico e genético geral de gestão da adaptabilidade do genótipo da variedade no processo do seu cultivo, ou seja, na produção de sementes, na produção vegetal e na agricultura.

A interpretação genética das correlações de caraterísticas está agora reduzida principalmente à ligação de genes e ao seu efeito pleiotrópico, quando uma alteração num ou mais genes pode causar uma alteração numa série de caraterísticas. Os poligenes que controlam as caraterísticas quantitativas podem estar em múltiplos grupos de ligação e, muito frequentemente, em relações recíprocas, o que reduz a frequência de recombinações em populações divididas. A este respeito, a seleção de caraterísticas individuais conduz geralmente à deterioração do complexo de caraterísticas da população, tanto na prática de reprodução como de produção de sementes [16. P. 42-45, 17. P. 78,18. P. 40].

No algodão, a maioria dos traços morfológicos e de valor económico estão emparelhados de uma certa forma. Os investigadores têm opiniões diferentes sobre o grau de emparelhamento dos caracteres, mas essas opiniões são sobretudo subjectivas.

As correlações de caraterísticas quantitativas no algodão foram outrora objeto de grande importância [84. P.233-235]. De facto, as caraterísticas das primeiras variedades nacionais da década de 20 revelam fortes relações inversas entre caraterísticas importantes como a maturidade precoce e o rendimento do algodão em bruto, o comprimento e o rendimento em fibras. Foi encontrada uma relação inversa entre a maturidade precoce e o rendimento do algodão [10. P.9-10, 13. P.23, 18.P.4, 69. P.282-287, 70. P.9].

Muitos investigadores estrangeiros e nacionais estudaram as inter-relações entre as caraterísticas do algodão, principalmente no sentido de identificar a conjugação do rendimento e dos seus elementos com outras caraterísticas economicamente valiosas. O rendimento está positivamente correlacionado com o peso da cápsula e o seu número [7. P.12-13] e negativamente com o comprimento da fibra [8. P.7-9].

Existe uma correlação positiva elevada entre o rendimento do algodão em bruto e o índice de fibras e o peso das fibras da cápsula. O rendimento em fibras está inversamente correlacionado com o comprimento [15. P.20, 77. P. 80-89].

Foi encontrada uma correlação negativa entre o comprimento da fibra e o rendimento, e uma correlação positiva entre o comprimento da fibra e o rendimento da fibra [59. P. 65-71]. Estima-se que, com um aumento de

1 mm no comprimento da fibra, o rendimento diminui em 4%.

É observada uma relação negativa entre a duração da estação de crescimento e o rendimento de fibras [20. C.19-21, 105. C.48-61 , 164. C.3-8 , 180. C.29-31, 185. C.106-108 ,240. P.130-132] e concluem que tal correlação se deve a caraterísticas genéticas de uma variedade ou forma. Ao mesmo tempo, observa-se uma correlação positiva entre a duração da estação de crescimento e o rendimento de fibras [224. P.177-179, 225. P.24, 238. P.24, 239. P.19-22].

Foi observada uma relação negativa entre a duração da luz do dia e o rendimento em fibras em estudos sobre a reação de variedades e híbridos de populações de algodão à duração da luz do dia. $_2$Verificou-se que, em condições de iluminação de 10 horas em híbridos F, existe um carácter intermédio de herança de traços de correlação entre o rendimento de fibras e o comprimento da luz do dia, com uma tendência para formas parentais com elevado teor de água [110. P.110, 111. P.221].

Foi encontrada uma correlação positiva entre o peso de algodão cru de uma cápsula e o rendimento de fibras, e uma correlação negativa entre o número de cápsulas e o peso de algodão cru de uma cápsula [69. P.282-287].

A análise genética não pode estar completa sem o estudo das correlações fenotípicas e genotípicas das caraterísticas e da hereditariedade. Sabe-se que as correlações se devem ao efeito pleiotrópico dos genes ou ao seu acoplamento. No algodão, a maioria dos caracteres de valor económico está negativamente correlacionada, o que, por sua vez, dificulta a criação de variedades com o complexo de caracteres de valor económico necessário para os criadores. Por conseguinte, seria razoável estudar as interações de correlação dos caracteres. Muitos investigadores prestaram atenção às correlações fenotípicas, que podem por vezes diferir significativamente das correlações genéticas. As correlações genéticas são menos estudadas.

Nas culturas de sementes de elite das variedades de algodão libertadas An-Bayaut-2 e C-6524, para além de impurezas biológicas e mecânicas óbvias, encontram-se plantas que se desviam da descrição da variedade apenas em termos de caraterísticas morfológicas individuais. Ao rejeitar as plantas atípicas nos viveiros, não se consegue uma homogeneidade completa dos traços morfológicos das plantas; todos os anos é necessário selecionar famílias e plantas típicas e rejeitar as atípicas.

Neste caso, não é utilizada toda a variabilidade genética da população, mas apenas uma parte dos genótipos, e a heterogeneidade inicial da população altera-se, reduzindo a sua capacidade competitiva, bem como a eficiência da seleção de material de elite em viveiros. Por outro lado, a contaminação biológica de uma variedade leva à sua degeneração. Simultaneamente, nas plantas rejeitadas de ambas as variedades, a produtividade média da população de plantas também diminuiu por anos de reprodução de elite [194. P.8-9].

De seguida, apresentamos uma breve revisão dos trabalhos sobre correlações de caraterísticas.

A correlação positiva elevada entre a produtividade do algodão em bruto de uma planta e a resistência da fibra [102. P.192-194] determinou uma correlação negativa neste par de caraterísticas.

Existe uma correlação paratípica positiva entre a produtividade do algodão em rama de uma planta e o rendimento em fibras [74. P.79-80]. Foi estabelecida uma correlação genética negativa entre os componentes que determinam a qualidade (comprimento, finura) e a quantidade de fibras (índice, rendimento em fibras) [78. P.109, 271. P.57-66].

São comunicados dados interessantes sobre a intercorrelação das componentes do rendimento em fibras [45. P.467, 97. P.100-102, 130. P.109-110] Verifica-se que existe uma correlação positiva média entre o peso de 1000 sementes e o índice de fibras, entre o índice de fibras e o rendimento em fibras existe uma correlação positiva elevada, entre o comprimento das fibras e o índice de sementes existe uma correlação negativa fraca, entre o peso das sementes e o rendimento em fibras existe uma correlação negativa fraca, entre o comprimento e o rendimento em fibras existe uma correlação negativa fraca. Estas correlações são de natureza relativa e, consoante as variedades e as condições de cultivo, podem passar de fortes a fracas, de positivas a negativas e vice-versa.

Os trabalhos [13. P.23, 229. P.26-34, 231. P.120-121, 247. P.22] levantam as questões mais importantes relacionadas com a variabilidade e a herdabilidade da duração da estação de crescimento e descrevem as formas de influenciar o algodoeiro de modo a aumentar a sua maturidade precoce. Sementes de alta qualidade são indicadores importantes na determinação da maturidade precoce [13. P.23, 211. P.146, 212. P.148, 214. P.24-26].

Foi estabelecido que a produção de fibras no algodão é uma caraterística complexa determinada pelo número de fibras por semente, a sua massa absoluta e a massa da própria semente. $_2$O melhoramento em F de plantas com maior rendimento do que as formas parentais depende da herança pela descendência da elevada massa de fibras de um progenitor e de um grande número delas no outro, e o papel exclusivo da seleção de pares para cruzamento por elementos que determinam o rendimento em fibras é notado [105. P.48-61, 118. P.115-116].

A correlação negativa entre o comprimento e o rendimento das fibras é registada em graus variáveis, de fraca a forte [10. P.9-10].

Foi demonstrada a possibilidade de criar material híbrido e, em seguida, variedades que combinam um rendimento elevado de fibras com fibras longas, de que são exemplo as variedades C - 6029, Kzyl - Rawat, C - 6524, Namangan - 77, C - 6530, C - 6532, Surhan - 5 (2001) [11. P.144, 18. P.40].

O melhoramento de sementes é uma das formas de gerir a adaptabilidade das variedades com base no princípio ecológico e genético da criação e existência do genótipo ort. Deve ser considerado como o meio mais eficaz e organizacionalmente disponível de intensificação, biologização e ecologização dos processos de produção de culturas com base na atribuição de sementes com propriedades de elevado rendimento devido a processos epigenéticos da ontogénese anterior. Neste caso, o processo de formação das propriedades de rendimento das sementes que asseguram a realização do potencial genético da produtividade da variedade em condições agro-ecológicas específicas inclui tanto a substituição adequada de meios tecnogénicos por meios biológicos como a utilização mais racional dos recursos naturais e tecnogénicos (produção ecológica de sementes), assegurando assim a eficiência energética com base no impacto exógeno no genótipo através do fenótipo da variedade, a sustentabilidade, a proteção ambiental e a rentabilidade da produção agrícola no seu conjunto. Isto pode ser feito de forma puramente tecnológica no processo de cultivo da variedade e de formação da semente na planta-mãe, bem como com base na seleção de lotes de sementes varietais de elevado rendimento, de acordo com as suas propriedades de rendimento, quando cultivadas em diferentes condições agrotécnicas e agro-ecológicas [33. P.354, 107. P.6-7, 111. P.221, 117. P.22-39]. Estudos sobre a seleção biotípica intra-varietal, o fracionamento de sementes e a reprodução de sementes demonstraram que as propriedades de rendimento das sementes varietais são condicionadas por factores epigenéticos. Numerosas experiências, tanto no nosso país como no estrangeiro, sobre as datas de sementeira, a profundidade de embebição das sementes, o impacto nas sementes e nas plantas dos estimulantes de crescimento, diversos factores físicos, a cultura de sementes em diferentes zonas edafoclimáticas, atestam igualmente o condicionamento ontogenético das propriedades de rendimento das sementes varietais. Este facto põe em causa a base teórica atual da renovação varietal na produção de sementes [111. P.221, 162. P.31, 170. P.].

A elevada variabilidade das condições ambientais no tempo e no espaço, a impossibilidade de as controlar e regular, provoca uma elevada variabilidade do rendimento e da sua qualidade. Acredita-se que a seleção de variedades com uma adaptabilidade agroecológica suficientemente elevada, com base num zoneamento profundamente justificado dentro dos limites do cultivo de uma determinada cultura, ajuda a reduzir a amplitude das flutuações de rendimento [84. P.233-235, 85. P.664, 131. P.8, 201. P.8]. No entanto, a adaptabilidade de uma variedade é realizada através de sementes com a marca de alterações embriogenéticas (epigenéticas) de diferentes tipos de impacto ambiental nas células, órgãos, organismo no processo de diferenciação, crescimento e desenvolvimento [161. P.97, 162. P.43-48].

A produção moderna de sementes tem uma base científica e teórica pouco desenvolvida, é representada principalmente como um ramo da produção agrícola [60. C.40-44, 61. C.136-143, 95. C.3-5, 96. C.3-5, 120. C.129-130, 160. P.48], e isso não é muito correto. E como a variedade actua como uma das poderosas alavancas do progresso científico e técnico na produção agrícola, a base teórica da sua utilização na produção deve ser profundamente fundamentada cientificamente. O melhoramento de sementes, enquanto ciência, é a base teórica e prática da aplicação do potencial genético da produtividade das variedades, ou seja, o seu objeto é uma variedade e os métodos de preservação do seu potencial genético no processo de reprodução, com base em sementes que reflectem o estado específico do genótipo da variedade, a sua adaptabilidade ontogenética expressa na expressão genética e a hereditariedade citoplasmática reflectida através da morfofisiologia dos órgãos das plântulas das sementes formadas.

Os novos sucessos da biologia nos anos 70-80, que relacionaram o problema das espécies com a doutrina da especificidade dos sistemas genéticos nas espécies eucarióticas e procarióticas, mostraram a universalidade dos fenómenos de mutagénese e recombinagénese, revelaram os fundamentos da organização molecular dos genomas, a importância das macromutações, o papel não só da divergência, mas também das várias formas de fusão de plasmas de espécies diferentes, alteraram gradualmente o conteúdo de um certo número de postulados clássicos da teoria da evolução e mudaram fundamentalmente as disposições teóricas do melhoramento. Tudo isto nos permite lançar um olhar crítico sobre a base metodológica da moderna produção de sementes, da ciência das sementes e do genótipo varietal como produto da evolução, existente com base em quatro princípios por nós formulados - evolutivo-genético, ecológico-genético e seleção natural e artificial [164. P3-8., 167. P.100]. A presença de um processo evolutivo contínuo revela-se diretamente nos fenómenos de especiação, na estrutura cromossómica das espécies e na sua organização, na dinâmica de diferenciação ecológica e geográfica das populações, no polimorfismo e na variabilidade individual, na ocorrência constante de mutações e recombinações [76. P.49, 80. P.26-27, 87. P.587, 118. P.115-116, etc.]. Em todos estes casos, a cadeia de acontecimentos é causada pela ação da seleção natural.

A forma epigenética de variabilidade é inerente a unidades de hereditariedade de diferentes níveis hierárquicos: transcritões, loci, epigenes, epigenes, superloci, cromossomas, genomas. A hereditariedade epigenética e a variabilidade dos traços desempenham um papel importante em muitos eventos micro e macroevolutivos acessíveis à ação da seleção natural [168. P.364]. Tudo isto indica claramente que o genótipo de uma variedade é criado e existe com base em mecanismos evolutivos e ecológico-genéticos baseados na seleção natural e amplamente reforçados pela seleção artificial da variabilidade genética [76. P.49, 84. P.233-235, 86. P.3-6, 87. P.587, 165. P.162, etc.].

Na produção de sementes, na ciência das sementes e no melhoramento vegetal, lidamos com a variabilidade epigenética durante a ontogénese, que é a indução da atividade dos genes causada artificialmente por várias práticas agronómicas (datas de sementeira, irrigação, fertilizantes, bioestimulantes, etc.), naturalmente por várias condições ambientais, produtos patogénicos, etc. Leva a alterações nos traços morfogenéticos e morfofisiológicos (fenes) durante a ontogénese. Conduz a alterações dos caracteres morfogenéticos e morfofisiológicos (fenes) durante a ontogénese. Com base nesta disposição, foi desenvolvida uma metodologia para avaliar as propriedades de rendimento das sementes e o seu potencial de rendimento [149. C., 155. C., 167.C., 168. C.].

1.2 História da produção de sementes de algodão e métodos de produção de sementes originais

A primeira tentativa de importar sementes de algodão americanas, em 1871, não foi bem sucedida. Depois foram importadas sementes de variedades C-Islands (seaside) de maturação tardia, que não se adaptavam às condições naturais da Ásia Central, e mais tarde foram importadas sementes de variedades de maturação mais rápida - King, Russell, Cleveland, etc. [1. P.127]. Até 1914, existiam 15 parcelas em diferentes regiões da Ásia Central, que podiam produzir 18-20 mil poods de sementes melhoradas por ano, enquanto a necessidade dessas sementes era definida como mais de 2 milhões de poods [256. P.5]. Em 1914. Em 1914, S.V. Poniatkovsky propôs uma série de medidas destinadas a atrair grupos separados de proprietários e sociedades rurais inteiras para a multiplicação de sementes das melhores variedades, bem como a organizar a limpeza das colheitas de algodão dessas explorações em fábricas de algodão ao abrigo de um contrato especial

[179. C.80-90].

Em 1924, foi organizado um fundo especial de explorações de sementes estatais "semkhlopok" para a multiplicação de sementes varietais de algodão, que em 1931 foi reorganizado em "sovkhozkhlopok".

Em 1931, o trabalho de reprodução e produção de sementes foi reestruturado. As explorações de sementes foram liquidadas e, em vez delas, foi organizada uma rede de explorações de sementes de elite em explorações colectivas e estatais para a reprodução anual de sementes de elite na primeira reprodução de variedades de algodão [179. P.80-90, 197. P.83].

Após a Segunda Guerra Mundial, registaram-se grandes mudanças no cultivo de elite do algodão. Desde 1951, a fim de melhorar a base hereditária da variedade, foi adicionalmente introduzido o método dos cruzamentos intra-variedades, que demonstrou que, quando as flores eram polinizadas com uma mistura de pólen de plantas originárias de diferentes regiões, o rendimento do algodão bruto aumentava, em comparação com a polinização natural, nalguns casos até 20% [19. P.11-12, 115. P.59-61]. Este método foi apoiado por [81. P.27-28, 108. P.29-31, 176. P.33-35] e outros, que argumentaram que a utilização de métodos de cruzamento intra-sorte no trabalho com sementes de elite de plantas de algodão permite preservar e aumentar a sua vitalidade. A aceitação do cruzamento intra-sorte teve a oposição de [12. C.26-34, 24. C.30-33, 25. C.35-36, 113. C. 9. 26- 29, 157. C.34-35, 258. P.35-38] e outros especialistas que afirmam que os cruzamentos intra-variedades na produção de sementes de algodão não dão um efeito positivo, mas, pelo contrário, criam uma massa de formas de plantas não típicas e desviadas. A este respeito, as variedades perdem rapidamente as suas caraterísticas originais de valor económico e as qualidades tecnológicas da fibra, sendo esta a razão para a retirada das variedades da produção. Do ponto de vista genético, o método de cruzamentos intra-variedades amplamente utilizado na cultura do algodão é simplesmente nocivo, uma vez que só dá heterose (explosão de vitalidade) na primeira geração. Posteriormente, ocorre a habitual clivagem mendeleviana por clivagem multigénica e complexa por traços quantitativos, ou seja, por traços determinados por muitos genes. Em milhares de experiências com autopolinizadores, os cruzamentos intra-

varietais foram infrutíferos [264. P. 186].
Como foi referido [49. P.262-287], os cruzamentos intra-varietais têm um efeito positivo se a variedade for objeto de polinização cruzada.

Há uma opinião [17. P.78, 65. P.5-16, 275. P.89-90] de que uma variedade é uma população na qual existem processos inter-relacionados de melhoria e deterioração das propriedades de indivíduos individuais, resultando numa seleção sistemática e em testes a longo prazo da descendência para manter a variedade (população).
Existem dezenas de métodos de produção de sementes de elite nos EUA e noutros países estrangeiros [51. C.12,52. C.87-90, 124. C.20-23, 199. C.8-12, 200. C.45-46, 234. C.67, 257. C.483, 272. C.3-7].

No Uzbequistão, em meados dos anos 80 do século passado, o método [180. P.29-31] foi testado como um método simplificado de produção de sementes de elite baseado na seleção sem testes de descendência.

Como foi sublinhado [101. P.5-7, 104., 106. P.4-5, 128. P.98-99] na atual Instrução sobre a produção de sementes de elite e a primeira reprodução de variedades de algodão, a produção de sementes de elite não prevê ter em conta as caraterísticas genéticas das variedades, as origens da sua criação e seleção, a duração da sua produção [7. P.12-13].

Na República do Usbequistão, em ligação com a substituição das misturas de variedades de algodão por misturas puramente varietais, nos anos 30 do século passado, foi organizado um trabalho de melhoramento de sementes de elite, baseado numa abordagem individual-massa para a avaliação e seleção de material de elite. Normalmente, qualquer variedade refinada nas reproduções mais distantes (ressemeadura de elite) mantém persistentemente as suas caraterísticas económicas e biológicas que determinam o rendimento. Mudanças indesejáveis na hereditariedade para essas e outras caraterísticas não são grupais, mas individuais, ocorrem raramente, apenas em plantas individuais e, portanto, não podem rapidamente, sem uma ação muito longa de seleção natural para afetar a deterioração da variedade [10. C.9-10, 83. C.102-103, 84. C.233-235, 91. C.219, 103. C.194-196, 116. C.29-31, 136. C.64-66, 147. C.289-293, 213. C.20-21, 242. C.31].

Em TNIISSTH, como resultado de muitos anos de investigação (de 1972 a 1985), foi desenvolvido um novo método, que permite preservar as qualidades originais da variedade durante muito tempo [180. P.29-31]. Este método foi comparado com o método de seleção individual adotado na produção, com testes de descendência sem cruzamento intra-varietal. As experiências efectuadas com a variedade Ashkhabad-25 mostram que a reprodução de sementes de algodão pelo método proposto não deteriora indicadores como o tamanho da cápsula, o rendimento e as qualidades tecnológicas da fibra. Resultados vantajosos ou idênticos mostram que, com uma taxa de reprodução elevada pelo novo método, é possível obter sementes de alta qualidade com os custos mais baixos [180. P.29-31]. Este método não foi aplicado no Uzbequistão, embora tenha sido aprovado no Turquemenistão. Tal deve-se ao facto de, durante o ensaio do método em 1984, terem sido detectadas várias deficiências e ter sido decidido realizar apenas o ensaio de produção para reconsiderar esta questão [122. P.31-33, 134. P.56-58, 145. P.22]. A essência do novo método consiste em recolher um grande número (em função das necessidades) de selecções individuais. Estas são limpas, rejeitadas pelas sementes e pelo comprimento das fibras dos folhetos, e depois misturadas e semeadas por um trator semeador. Desta forma, é possível fazer coincidir sementes de diferentes partes do campo. Devido à polinização cruzada, a viabilidade da sua descendência é aumentada. As sementes obtidas a partir destas culturas são armazenadas no armazém durante 5 anos. Com base nelas, é criado um viveiro de sementes [138. P.10-11, 146. P.262-265].

Para determinar a eficácia de qualquer das técnicas comentadas [122. P.31-33] é necessário observar, em primeiro lugar, a condição de comparabilidade dos resultados obtidos. Neste caso, os materiais de elite dos viveiros correspondentes devem ser comparados.

O trabalho de seleção de sementes deve ser realizado de acordo com uma nova metodologia, mais simplificada, mas bastante eficaz, de trabalho com material de elite. Este pode ser o método americano do criador Smith, o chamado sistema de reserva de sementes, ou sua modificação [101. C.5-7, 118. C.115-116, 128. C.98-99, 139. C.274-276,

146. C.262-265, 183. C.336-339, 187. C.89-91, 210. C.51-52, 241. P.89-90], assumindo a reprodução da elite uma vez a cada 5 anos. Nesse caso, é muito mais fácil preservar a germinação de sementes de elite. Além disso, nas condições de rápida mudança de variedades, a aquisição de sementes caras simplesmente não se justifica economicamente.

Com base no conceito de degeneração de variedades autopolinizadas [121. P.7-12], sugere-se o aumento do volume de amostragem de linhas para não empobrecer a hereditariedade das variedades, a realização de raspagens intensivas e testes a longo prazo para excluir a "pior" descendência da elite. No processo de utilização, mesmo de uma variedade bem selecionada, as caraterísticas económicas e biológicas próprias da variedade diminuem gradualmente e esta deteriora-se. Isto deve-se à contaminação mecânica e biológica, à divisão e ao aumento das doenças transmitidas pelas sementes.

A tarefa foi definida para estudar o grau de variabilidade de alguns traços economicamente valiosos em variedades de algodão em condições de autopolinização, polinização cruzada e floração aberta. Foi demonstrado que a heterogeneidade das variedades nos traços dominantes qualitativos é revelada nos dois primeiros anos de autopolinização [68. P.339, 146. P.262-265, 147. P.289-293, 255. P.26-30].

Devido à contaminação mecânica e biológica, sublinha [121. P.7-12], há uma "degeneração" da variedade de algodão. Perda de resistência à Verticilose, mutação espontânea e, no processo de envelhecimento da semente, aparecem formas desviantes e, mais cedo ou mais tarde, a variedade é retirada do registo, pelo que a criação e a produção de sementes de variedades de algodão que combinem um complexo de caraterísticas economicamente valiosas com elevada capacidade de adaptação a zonas agroecológicas específicas devem ser consideradas como um processo contínuo [273. P.3-7].

Dando especial importância aos métodos do processo de melhoramento[100. P.21-23, 248. P.140], destaca os métodos mais eficazes de criação e identificação de novas variedades de algodão, como o cruzamento, a seleção e outros.

Quando se cultivam sementes em unidades primárias de produção de sementes, é necessário utilizar todos os meios mais eficazes (indo-seleção, isolamento espacial, desinfeção de sementes), capazes de localizar completamente as doenças e impedir a sua penetração através das sementes nas culturas de produção de uma variedade, uma vez que as causas acima referidas reduzem as propriedades económicas e biológicas de uma variedade, especialmente em condições de produção [26. P.10-11, 175. P.103, 205. P.437-442, 207. P.17-18].

No nosso país, são praticados principalmente três métodos de sementeira: a sementeira em linha, muitas vezes aninhada (sementes pubescentes) e a sementeira de precisão, com um determinado número de sementes num buraco (sementes nuas e sementes pouco pubescentes).

As sementes carbonizadas - deslintadas há muito que atraem a atenção dos investigadores devido ao seu melhor inchamento, friabilidade e germinação mais rápida.

Em condições favoráveis, as sementes nuas germinam mais rapidamente, desenvolvem-se melhor e dão um maior rendimento de algodão em bruto. No entanto, em anos com condições climáticas desfavoráveis, ou seja, com elevada humidade e baixa temperatura, apodrecem mais rapidamente, os rebentos são mais finos e enfraquecem [53. P.21-22, 129. P.100-102, 187. P.89-91,,203.P.4-6, 254. P.110-112].

Uma parte importante deste trabalho é aumentar a germinação das sementes no campo em condições climatéricas desfavoráveis, como acontece nalguns anos em muitas regiões, após a conclusão da sementeira, a precipitação prolongada levou à ressementeira ou ao desbaste das culturas. As sementes encapsuladas com quitosano foram mais resistentes às condições climatéricas desfavoráveis do que as sementes não encapsuladas. A preparação UZHITAN tem uma atividade estimulante pronunciada, que tem um efeito positivo no crescimento do algodão, que se expressa através da aceleração da germinação das sementes, do aumento da altura das plantas, de um aumento significativo do rendimento, contribuindo para a abertura precoce das cápsulas e para a obtenção de algodão cru de qualidade. No final, a utilização de sementes encapsuladas para sementeira ajuda a reduzir o seu consumo e a aumentar a taxa de multiplicação das sementes [142. P. 10-14, 202. P.16-17, 236.

P.274-278].

Os estudos mostram que a mesma variedade pode ser selecionada para multiplicação para diferentes caraterísticas, o que pode, em gerações, alterar grandemente os parâmetros da variedade, em contraste com os parâmetros descritos pelo autor. Por conseguinte, o autor da variedade deve estar diretamente envolvido na seleção de material de sementes em explorações de sementes de elite. O material de elite de diferentes explorações é muito relevante e visa selecionar as melhores explorações que cultivam material que corresponde à descrição do autor. O material de elite de diferentes explorações tem alterações significativas nas qualidades económicas e nas propriedades tecnológicas da fibra que podem ser reconhecidas como uma nova variedade. Por conseguinte, o estudo do material de elite cultivado em diferentes explorações de elite é muito importante e destina-se a selecionar as melhores explorações que cultivam material que corresponda à descrição do autor. Isto permitirá preservar a longevidade da variedade e assegurar a libertação de fibras correspondentes às necessidades mundiais [182. P.39,183. P.336-339].

A aplicação dos métodos: genética, genética populacional e melhoramento, sob controlo constante da produção de sementes - abre amplas perspectivas para a atividade científica de criação de novas variedades de algodão de alto rendimento, com elevado rendimento e qualidade de fibras, ecologicamente limpas, sem necessidade de tratamento químico, altamente resistentes a factores ambientais extremos, com maior eficiência económica; e de produção de sementes geneticamente homogéneas, por caraterísticas morfo-económicas do algodão, de sementes puras de novas variedades para assegurar o desenvolvimento de novas variedades de algodão para a produção de novas variedades.

O fornecimento de sementes não deve ser efectuado através de redistribuição, mas sim numa base de mercado.

O mercado de sementes agrícolas é um sistema complexo, no qual devem estar envolvidos: estruturas estatais de nível republicano e regional, criadores, produtores de sementes, transformadores de sementes e seus consumidores [126. P. 91-93, 136. P. 64-66, 243. P. 4-7].

É necessário excluir do mercado das sementes aqueles que não são dignos de se dedicar à produção de sementes e criar condições jurídicas óptimas para a produção e reprodução de sementes, instituições e empresas de qualquer forma de propriedade, garantindo a produção de sementes de alta qualidade [136. P.64-66, 139. P.274-276].

Nas condições actuais, para que a reprodução e a produção de sementes se tornem meios amplamente disponíveis e rentáveis de reestruturação da agricultura, uma nova variedade deve ser portadora de crescimento económico. Só a geração de variedades comerciais (altamente rentáveis) pode fazer com que toda a estrutura da produção de algodão seja portadora de crescimento económico[139. P.274-276, 140. P.30-32].

Considerando a perspetiva económica da produção de sementes [215. P.229], sublinha-se que a eficiência económica na produção de sementes pode ser alcançada como resultado da implementação e desenvolvimento consistentes de uma série de actividades importantes para criar uma cadeia de "reprodução, produção e multiplicação de sementes", as suas relações em ligações e estruturas no sentido de assegurar o equilíbrio da oferta e da procura. Não basta fixar os preços estimados das sementes apenas com base no preço de custo. A categoria deste último não tem em conta a intensidade dos fundos, a intensidade da mão de obra e outros factores.

As actividades dos produtores de sementes devem ter como principal objetivo a garantia da qualidade das sementes.

A Lei da República do Usbequistão "Sobre a produção de sementes" [2] reconhece a certificação das sementes e do material de plantação de culturas agrícolas como uma das condições mais importantes para garantir a qualidade das sementes. Destina-se ao controlo permanente da produção, colheita, transformação, armazenamento, venda, transporte e utilização de sementes, bem como à harmonização do processo de certificação com as regras e requisitos das organizações internacionais e sistemas semelhantes de países estrangeiros [206. P.18-21].

De acordo com a prática internacional, o processo de certificação deve incluir: pedido de certificação; análise do pedido e tomada de decisão; controlo do cumprimento das normas e de outros documentos regulamentares na produção, transformação, embalagem e comercialização das sementes; identificação varietal; amostragem para testes; análise dos materiais recebidos e tomada de decisão sobre a possibilidade de emissão de um certificado; controlo de inspeção das sementes certificadas [127. P. 93-96,133. P. 19-20].

É dada uma atenção especial às qualidades varietais das sementes, através da aplicação de um controlo no terreno, a fim de garantir que são aplicadas as técnicas técnicas adequadas para assegurar a conservação da variedade [93.P.218, 94.P.470, 125. P.62-65, 137. P.17-18].

Caracterizando a teoria e a prática da produção de sementes, sublinha-se que cada variedade de plantas cultivadas é caracterizada por um certo conjunto de propriedades e traços úteis para o homem. A preservação destas qualidades úteis de uma variedade no processo da sua multiplicação e utilização na produção é o conteúdo principal do trabalho de produção de sementes [119. C.21-23].

A solução deste problema exige o desenvolvimento de novos métodos e técnicas de produção de sementes e o aperfeiçoamento dos já existentes. Isto, por sua vez, exige um estudo cada vez mais aprofundado da natureza dos fenómenos biológicos, cuja utilização hábil predetermina a solução bem sucedida dos problemas modernos de produção de sementes [216. P.5-7, 241. P.89-90, 268. P.7-11].

Os métodos de trabalho com sementes de elite nem sempre permitem resolver rapidamente o problema da estabilização do novo material de reprodução obtido por um conjunto de caraterísticas, tanto mais que a utilização da seleção dirigida em várias caraterísticas sem ter em conta as restantes, na presença de correlação negativa, conduz inevitavelmente ao enfraquecimento ou à deterioração de outras importantes para as qualidades da variedade.

Nas plantas selecionadas para a abertura mais precoce da primeira cápsula com frutificação não inferior à média, não se verificou uma dependência definitiva do rendimento do algodão em caroço bruto das datas da primeira flor e da primeira cápsula. Com rendimentos de algodão em caroço de 20 a 80 g por arbusto, a diferença no início da floração foi de ± 1 dia por classe, e a diferença no início da abertura da cápsula de ± 2 dias. Por conseguinte, a seleção individual de plantas de frutificação média pelo início da abertura da cápsula e, mais ainda, a seleção sem ter em conta a frutificação total dos arbustos não garante um rendimento total de algodão em caroço em bruto.

Ao avaliar as plantas para seleção individual num momento antes da colheita, a principal atenção dos produtores de sementes das explorações de elite centra-se frequentemente no número de cápsulas abertas no momento da triagem. Assim, com este princípio de seleção de plantas para seleção, a sua visualização mais cedo no calendário estará associada a um aumento do número de selecções individuais de baixo peso [190. P. 36-39, 194. P. 8-9].

A seleção individual de apenas plantas típicas através da técnica de seleção modal permite aumentar a fiabilidade da seleção de plantas mais produtivas, o que ajuda a manter e a melhorar a produtividade da variedade.

A seleção das melhores famílias e plantas por fenótipo, de acordo com o método de seleção por correlação de caraterísticas, envolve parcialmente a reprodução posterior de híbridos de heterose de elite que não são detectados durante as observações de campo, o que reduz a fiabilidade da seleção de materiais de elite típicos da variedade por caraterísticas economicamente valiosas [194. P. 8-9, 262. P.52-57].

O método mais aceitável de preparação de sementes originais pode ser o "Método de limpeza de campo de plantas atípicas". Três anos de investigação demonstraram que este método pode melhorar o desempenho varietal das sementes. Este método pode servir como método de base para a criação do método final de produção de sementes originais [146. P. 262-265, 192. P. 15-16, 193. P. 25].

O desenvolvimento da teoria e da prática da produção de sementes tem uma longa história. E, embora tenham sido alcançados resultados notáveis, a lista de problemas que permanecem por resolver é ainda bastante grande. A teoria da produção de sementes parece agora um resumo mecânico de vários conceitos e factos, pressupostos e hipóteses, muitas vezes insuficientemente fundamentados e contraditórios [40. C.34-37, 41. C.32-34, 99. C.26-29, 135. C.11-12 , 204. C.6-9, 210. C.51-52].

§1.3 Analisar o efeito da diversidade da qualidade das sementes na sementeira, no campo, no rendimento e nas qualidades de valor económico das plantas

Sabe-se que uma semente é formada a partir de uma testa fertilizada. O novo organismo inclui possibilidades hereditárias de dois organismos - materno e paterno, ou seja, durante o processo sexual é criado um novo organismo com hereditariedade enriquecida. Uma vez que os gâmetas não são iguais, são portadores de diferentes possibilidades hereditárias. Isto cria pré-requisitos genéticos para o surgimento da heterogeneidade hereditária das sementes. Esta é a essência da heterogeneidade genética das sementes, que condiciona a construção genética do embrião. Afecta o tempo de vida, a duração da maturação, a atitude em relação a vários factores ambientais [29.P.3-8, 35. C. 43-77, 43. C.112-116, 69. C.282-287, 86. C. 3-6, 87. C.587, 161. C. 97, 235. C. 33-35, 279. C. 117-128, 287. C. 6-26, 288. C. 1365-1368, 289. C.120-124]. Cada semente, como é sabido, tem as suas próprias diferenças biológicas de individualidade. Essas diferenças são morfológicas e fisiológicas. Mesmo dentro da variedade mais alinhada de culturas autopolinizadas, cada semente é biologicamente diferente das outras, embora, em geral, conserve as caraterísticas principais dessa variedade e o seu carácter de metabolismo [226. P. 26, 263. P.187].

Os estudos realizados em diferentes anos estabeleceram que a maturidade precoce é um dos indicadores importantes de valor económico do algodão. Muitos investigadores nacionais e estrangeiros estudaram a natureza da herança e a variabilidade desta caraterística [9. C.5-9,13. C.23, 14. C.34-36, 38. C.43-46, 59. C. 29-30, 69. C. 282-287, 70. C.47, 74. P.79-80, 79.P.22-28, 90. C.54, 110. C.110, 118. C.115-116, 156. C.87-89, 170. C.18., 181., 231. C.120-121, 238. C.24, 240. C.130-132, 244. C.17-20, 245. C.24-31, 246. C.221, 247. C.22, 265. C.3-6, 280. , 293. C.353-364].

As técnicas de produção de sementes, tais como a polinização intra-sorte, a polinização adicional, etc., podem ser referidas à utilização da diversidade genética das sementes na prática. Está estabelecido que após 5-6 anos de armazenamento a germinação de sementes de tomate de autopolinização é de 33%, de intra-sorte 86,5% e de inter-sorte-87% [42.P. 76-81, 98. C. ,42. C.57-58,112. P.21,141.P.12-13, 223. C.18-19, 299. C. 19].

A diversidade genética das sementes também ocorre em diferentes idades dos órgãos reprodutores, com diferentes graus de maturação fisiológica. Os processos fisiológicos nestas sementes ocorrem com intensidade desigual, o que leva a uma acumulação diferente de metabolitos e altera as qualidades de sementeira das sementes [114. P.22,123. P.40-43,152. P.101-105,285. P.108-112].

É bem conhecido o fenómeno da diversidade matricial das sementes de diferentes culturas, que é causado pelo local da sua formação na planta-mãe [44.P.19-20, 56. C. 38-39, 63. C.36,75. C. 30-31, 151. C. 17-19, 177. C. 121-123, 178. C. 54-86, 225. C. 24, 230. C. 304-325].

Como indicado [154. P. 108-112, 228. P. 30-70] o crescimento da semente na planta-mãe é caracterizado pela acumulação de matéria seca, e devido a uma diminuição do teor de humidade - por uma diminuição e depois um aumento da massa bruta. Durante este período, a planta é afetada por muitos factores relacionados com a atividade vital da planta-mãe e a diversidade das sementes formadas.

O local de formação das sementes na planta determina a sua heterogeneidade numa série de caraterísticas. Isto é causado tanto pelas propriedades biológicas dos órgãos reprodutores como pelo fornecimento de substâncias plásticas às sementes em formação. O rendimento e a qualidade das sementes estão associados, em primeiro lugar, à estrutura do arbusto, ou seja, à sua arquitetura [32. C. 207-208, 48. C. 82. C. 4-6, 174. C.33-38, 188. C. 6, 229.P.26-34, 282.P.69-75].

O fenómeno da diversidade ecológica é muito importante para a produção de sementes de alta qualidade, uma vez que o rendimento e a qualidade das sementes dependem em grande medida das condições edafoclimáticas e dos produtos agrotécnicos aplicados [261. P. 104-106, 269. P. 5-38]. As condições de formação das sementes alteram a sua composição química e as suas propriedades fisiológicas. Por conseguinte, as sementes cultivadas em diferentes condições edafoclimáticas, sob diferentes tecnologias de cultivo, têm diferentes qualidades fisiológicas, de sementeira e de rendimento, ou seja, são heterogéneas. Existem muitas publicações sobre a diversidade ecológica das sementes de produtos hortícolas na literatura.

As diferentes condições agro-ecológicas têm um impacto significativo na morfogénese das sementes, que deve ser tido em conta na avaliação e seleção de um nicho ecológico para cultivo, a fim de obter um rendimento estável com elevadas qualidades de sementeira. Ao mesmo tempo, alguns traços são mais estáveis ou variam pouco sob a influência das condições ecológicas (tamanho da planta, elementos de produtividade e qualidade da semente, duração dos períodos de ontogénese), enquanto outros mudam mais fortemente e dependem mais das flutuações de factores externos [20. C. 19-21, 22. C. 129-132, 26,27. C. 27-29, 28. C. 4-11, 43. C. 112-116, 46. C. 84-93, 47. C. 15-16, 48. C. 112-115, 54. C. 23, 198. C. 298-300, 242. C. 31].

Em alguns casos, sob uma combinação desfavorável de factores externos, as capacidades potenciais das plantas não são praticamente realizadas e a produtividade é reduzida ao mínimo. Nestas condições, os estudos sobre o sistema solo-clima-planta exigem uma análise exaustiva da situação ecológica. É também muito importante ter em conta as condições microclimáticas [55. C. 19-20, 74. C. 79-80, 76. C. 49, 92. C. 260, 99. C. 26-29, 195. C. 20-23, 221. C.98].

Os aspectos mais importantes da produção adaptativa de sementes e as suas particularidades são: a tomada em consideração da capacidade de diferenciação do ambiente na zona de produção de sementes; a tomada em consideração das propriedades adaptativas da variedade no local de produção de sementes; a combinação óptima da zona de reprodução e da zona de venda de sementes. A autora salienta ainda que o impacto do ambiente na planta pode ser estabilizador nas fases de desenvolvimento vegetativo da planta até à maturação técnica e desestabilizador no período de formação da semente [71. P. 10-11,72. P. 11-13].

A intensificação da produção agrícola conduz naturalmente à concentração das culturas de sementes e à concentração da produção de sementes em determinadas zonas do país. É muito importante saber que rendimentos de sementes podem ser obtidos em diferentes zonas e como as condições ecológicas afectam a produtividade da descendência quando as sementes são utilizadas em diferentes zonas edafoclimáticas. As informações sobre a produtividade das culturas de sementes em diferentes condições ecológicas e sobre as qualidades de rendimento das sementes são contraditórias[222].

O Governo da República do Usbequistão, em relação a deficiências significativas no trabalho de produção de sementes de algodão, adoptou, em 28 de novembro de 1998, a Resolução nº 491, que declara, nomeadamente, que o sistema de produção de sementes não foi devidamente desenvolvido e que a transição para as relações de mercado não foi implementada. É igualmente referido que os requisitos das leis da República do Usbequistão "sobre a produção de sementes" [2] e "sobre os resultados da seleção" [3] não são devidamente observados e que o sistema de produção de sementes não está estabelecido. [A cooperação entre a produção e a ciência no domínio da produção de sementes não foi estabelecida [4].

Tendo em conta as exigências do Governo, foi organizado um concurso para o direito de produzir sementes de algodão em bruto e para o registo de pessoas singulares e colectivas que produzem algodão de elite e subsequentes reproduções [145.P. 22, 197. P. 83].

Alguns autores [21. P. 251, 28. P. 4-11, 43. P. 112-116, 149. P.33-36, 267. P.14-17] observam que a reprodução simples ou dupla de sementes em novas condições não provoca alterações importantes, do ponto de vista prático, nos caracteres varietais. Na opinião de outros [217. P.231, 267. P.14-17, 276. P.11-15], o cultivo de sementes em condições ambientais não típicas de uma determinada cultura conduz inevitavelmente a alterações biológicas profundas na planta e à perda de caraterísticas valiosas na descendência. Além disso, esta influência pode ser tanto positiva como negativa. Vários investigadores sublinham que as reproduções locais de sementes são sempre melhores do que as sementes importadas [23. P. 194-195, 54. P. 23, 148. P. 115, 207. P. 17-18, 237. P. 6-7].

Ao mesmo tempo, há provas de alterações insignificantes que ocorrem durante a reprodução única e múltipla de sementes em novas condições, especialmente se o solo e as zonas climáticas forem favoráveis à produção de sementes desta cultura. Em alguns casos, essas alterações conduzem a um aumento da produtividade das sementes e a uma melhoria da qualidade dos produtos hortícolas comercializáveis obtidos a partir dessas sementes. A transferência de sementes de culturas que gostam de calor da zona sul para a zona norte contribui para aumentar o rendimento dos produtos hortícolas comercializáveis [31. C.57-65, 36. C.35-37 , 112. C.21 , 130. C.109-110, 132. C.103-104, 150. C.29-33, 161. C.97 , 163. C.31 , 207. C.17-18 ,218, 220. C.106-116, 224. C.177-179.,239. C.19-22., 246. C.221 ,267. C.14-17].

A influência do local de reprodução das sementes na produtividade da descendência e a necessidade de organizar a produção zonal de sementes de culturas hortícolas é indicada por muitos outros investigadores [35.P.43-47 , 36.P.35-37, 171.P.15-26, 172.P.5-7, 227.P.78-79, 284.P.12, 107 , 286.P.29-32 , 291. C.249-256].

Não existe uma opinião unânime sobre o critério de avaliação indireta das propriedades de rendimento das sementes. Há quem defenda que as sementes com maior massa e menor peso têm melhores propriedades de rendimento [57. p.20-21 , 173.p.16-18 , 186. P.20-21 , 173.P.16-18 , 186. C.20-23 , 208. C.12-15 , 219. C. 160, 220. C.106-116 , 233. C. 28], outros, pelo contrário, - com menos [26. P. 10-11, 216. P. 5-7, 253. P. 21-25, 277. P. 447, 278. P. 117-123], outros - com melhores propriedades de sementeira [180. P. 29-31, 187. P. 89-91, 188. P. 6 , 189. P. 103-112], outros - com uma certa composição química [30. P. 106-108]. Tais diferenças de pontos de vista, na nossa opinião, estão relacionadas com o facto de os autores das publicações terem baseado as suas conclusões nos resultados de experiências individuais, trabalhando na zona ecológica, onde o fator estudado poderia ter um efeito significativo na produtividade da descendência.

Sob a influência das condições ambientais, não só as propriedades físicas, mas também as propriedades de sementeira das sementes alteram-se em grande medida. A energia germinativa e a capacidade de germinação das sementes dependem em grande medida do processo correto da sua receção e posterior armazenamento [46.P.84-93 , 166.P.69-76 , 196.P.23-25 , 209.P.37-38, 217. C.231., 232. C.167, 281. C.12].

Qualquer lote de sementes é formado por um grande número de sementes de qualidade diferente (heterogéneas). As sementes incluídas num lote de sementes têm um teor de humidade diferente, uma composição química diferente, uma capacidade de resposta diferente às condições ambientais, bem como uma produtividade desigual. A qualidade diferente ou a heterogeneidade das sementes num lote de sementeira é uma regularidade objetiva. Este fenómeno é tipicamente biológico, dependendo de muitos factores: heterogeneidade de passagem pelas fases da morfogénese, desigualdade dos elementos sexuais envolvidos na fertilização, estrutura anatómica do sistema de condução, diferenças na atividade do aparelho de assimilação, nutrição mineral e fornecimento de água [63.P. 36,144.P.477].

Dado que as sementes são produtos biológicos, o seu comportamento não pode ser previsto com a mesma certeza que nos ensaios de produtos não biológicos. O intercâmbio de sementes entre países e zonas exige que as condições de ensaio de um laboratório coincidam com as condições de ensaio de outro laboratório [259. P. 19-20].

A revisão da literatura acima referida indica que as sementes formadas em diferentes partes de plantas, bem como cultivadas em diferentes condições edafoclimáticas e sob diferentes técnicas agrícolas, não são homogéneas em termos de composição química, propriedades fisiológicas e bioquímicas, qualidades físicas, de sementeira e de rendimento.

O presente trabalho tem por objetivo resolver problemas reais da produção de sementes de algodão e melhorar os métodos de avaliação da qualidade das sementes.

CAPÍTULO II. LOCALIZAÇÃO, CONDIÇÕES, MATERIAIS E METODOLOGIA

ACTIVIDADES DE INVESTIGAÇÃO

§2.1 Localização e condições dos estudos

Foram realizados estudos sobre a criação de um programa informático na Estação Republicana de Produção Primária de Sementes e Ciência das Sementes de Culturas Agrícolas (atualmente Instituto de Investigação de Reprodução e Produção de Sementes e Agrotecnologia da Cultura do Algodão), através da realização de experiências simuladas com variedades semeadas em explorações de elite, a fim de comparar a avaliação existente e a avaliação informática do material de sementes, incluindo o tempo, o custo, a relação custo-eficácia, bem como a pureza e a homogeneidade do material de elite. Uma outra parte da investigação foi realizada em explorações de elite dos oblasts de Tashkent, Surkhandarya, Samarkand, Fergana, Andijan e Jizzak. A base da investigação foram os principais indicadores da qualidade das fibras, os critérios de rejeição e seleção de material de elite para posterior multiplicação, tendo em conta as correlações dos indicadores de valor económico.

O Instituto está localizado no território do distrito de Kibray do oblast de Tashkent, no 42° grau de latitude norte, a uma altitude de 481/m acima do nível do mar. Solo - típico, serozem cultivado de irrigação de longa data, do canal principal Boz-suv. Os dados e a caraterização do solo são apresentados nos quadros 1 e 2.

Quadro 1

Composição mecânica do solo

Profundidade cm	Volume fraccionado, mm							
	1-0,25	0,25-0,1	0,1-0,5	0,05-0,01	0,01-0,005	0,005 - 0,001	0,001	0,01
0-30	7,29	2,43	4,64	34,5	15,16	18,82	17,16	51,14
30-50	7,34	1,63	11,27	36,72	11,60	15,6	15,84	43,05

Quadro 2

Fertilidade do solo

Profund idade cm	Número total de			Molde móvel, mm		
	Húmus	N	P	N-NO3	P2O3	K2 O
0-30	0,918	0,088	0,118	24,2	31,6	140,0
30-50	0,856	0,079	0,100	20,4	27,6	120,0

A composição mecânica do solo é franco-argilosa e as águas subterrâneas estão localizadas a uma profundidade de 12-15 metros. Na camada arável de 0-30 cm, o teor de húmus é de 0,918%, na camada do subsolo de 30-50 cm, o teor de húmus é de 0,856%, ou seja, a diferença não é grande. O teor de azoto e fosfato na camada arável 0-30 cm é de 0,88-0,79%, e no subsolo 30-50 cm-0,118-00,70%.

A quantidade de nitrato de azoto, fósforo em suspensão e potássio é, respetivamente, de 26,4-21,4; 31,6-27,6; 140-120 mg/kg, ou seja, o campo experimental pertence ao número de solos de fertilidade média.

A uma temperatura média inferior a 10°, o algodão de fibra média suspende o seu desenvolvimento. Por conseguinte, as temperaturas superiores a 10° são consideradas efectivas. A soma das temperaturas efectivas no limite inferior de 10°, desde o abrolhamento até ao rebentamento, é de 400-420°, desde o rebentamento até à floração é de 500° e desde a floração até à abertura das primeiras cápsulas é de 875-885°.

A soma das temperaturas efectivas desde a sementeira até à abertura da primeira cápsula nas variedades de fibras médias é de 1875-1885°, nas variedades de fibras finas de maturação tardia de 1955-1965° e nas variedades de maturação precoce de 1720-1730°.

A fonte de abastecimento de água é constituída por valas de irrigação permanentes para utilização nas explorações agrícolas, provenientes do canal Boz-Su. As condições meteorológicas da área são típicas de um clima acentuadamente continental e caracterizam-se por um tempo sem nuvens, proporcionando uma elevada intensidade de luz solar e caracterizando-se por uma quantidade insignificante de precipitação.

De acordo com dados a longo prazo, a precipitação média anual é de cerca de 360 mm, principalmente no período outono-inverno-primavera. O período de frutificação em massa do algodão é marcado por precipitações mínimas, baixa humidade atmosférica e temperatura do ar mais elevada.

De acordo com dados de longo prazo, a última geada de primavera ocorre geralmente no final de março e a primeira geada de outono na segunda década de outubro. As geadas tardias da primavera raramente ocorrem em abril e muito raramente no início de maio. As primeiras geadas de outono são observadas no início de setembro e as últimas em meados ou finais de novembro. Os períodos de vegetação durante as experiências de campo foram geralmente estáveis e favoráveis ao crescimento e desenvolvimento normais do algodão.

As condições de temperatura e precipitação para vários anos são apresentadas no Quadro 3.

As medidas agrotécnicas nas experiências foram realizadas de acordo com os termos e métodos de métodos agrotécnicos aceites na estação. Anualmente, em novembro-dezembro, procedeu-se à lavoura de inverno com aplicação de 50% da taxa anual de fertilizantes fosfatados. No início da primavera, procedia-se à gradagem e, em seguida, ao cinzelamento, antes da sementeira da gradagem com malovanie. Na segunda quinzena de abril, procedeu-se à sementeira e, se necessário, à irrigação de alimentação. À medida que as ervas daninhas apareciam, procedia-se à sacha duas a três vezes. [3] Durante a vegetação, foram efectuados 5-6 cultivos, dois com fertilizantes (azoto, fósforo, potássio), 3-4 irrigações de 800-900 m de água de irrigação. A colheita foi efectuada em setembro, outubro e terminou, o mais tardar, a 10 de novembro.

Quadro 3

Temperatura média diária e precipitação para 2010-2014

(de acordo com os dados da estação meteorológica de Bozsui)

Meses	^{0}Temperatura média diária do ar (C)					Precipitação média diária (mm)				
	2010	2011	2012	2013	2014	2010	2011	2012	2013	2014
abril	13,5	15,1	15,9	16,8	14,2	32	11,3	39,2	33,5	38

maio	18,7	22,3	20,0	23,2	19,0	22	6	32,6	21,0	25,3
junho	24,5	27,9	27,2	26,5	24,8	9	0,4	3,8	9,2	25
julho	27,8	27,2	28,7	27,4	26,8	-	7	0,3	2,2	-
agosto	26,2	27,1	25,5	27,1	27	-	-	2,7	-	0,4
setembro	21,2	21,8	22,5	20,3	15,1	-	1	-	0,2	-
outubro	16,0	13,0	15,0	17,0	17,4	5,5	6	4,2	38	-
novembro	8,2	11,4	8,2	9,4	9,9	33	22	50	73,1	
Médio	19,6	20,7	19,8	20,9	19,3	12,7	6,7	16,6	22,1	12,0

§2.2 Metodologia da investigação

Foram aplicados métodos nacionais na investigação sobre a determinação das qualidades de sementeira das sementes de algodão.

Para a determinação da germinação, as sementes foram germinadas em areia e rolos de papel de filtro. A areia para análise foi peneirada sequencialmente em peneiras com diâmetros de abertura de 1,0 e 0,5 mm. A areia que ficou no segundo peneiro foi lavada até escorrer água limpa. A areia lavada foi calcinada até que um pedaço de papel colocado na areia ficasse carbonizado, após o que a areia foi novamente peneirada através de um peneiro com orifícios de 0,5 mm.

As sementes germinadas foram contadas de 4 a 12 dias. Em cada contagem, o número de sementes germinadas normalmente e anormalmente, bem como de plântulas doentes, foi contado separadamente. A germinação de sementes em papel ondulado foi efectuada de acordo com o seguinte procedimento: duas camadas de papel com 100-105 cm de comprimento e 12 cm de largura foram onduladas de modo a que houvesse 24-25 dobras com a altura dos dentes de 20-22 mm cada. O papel ondulado desta forma é humedecido, colocado numa cama de plantação e são colocadas 4-5 sementes em cada dobra.

A pureza varietal foi determinada em conformidade com as instruções relativas à aprovação do algodão, aprovadas pelo MAWR da RUz em 2002, uma vez em agosto, tendo sido tomadas como base as caraterísticas morfológicas:

(a) O tamanho, a pubescência e a forma da folha;

b) pubescência do caule principal;

c) tipo de ramificação e forma do arbusto;

d) tamanho e forma das cápsulas.

A determinação das qualidades varietais durante o controlo de inspeção começou por uma familiarização com a cultura, tendo-se verificado, em primeiro lugar, se esta correspondia à descrição oficial.

Para dominar os diferentes métodos de produção de sementes de super elite, elite e primeira reprodução, o trabalho de investigação foi efectuado em condições de campo e de laboratório em explorações de sementes de elite: Chinaz e Yukoro-Chirchik variedade C-6524, região de Tashkent, bem como na estação republicana de produção de sementes primárias e ciência de sementes de culturas agrícolas. A produção de sementes de acordo com a metodologia existente foi considerada como controlo.

Nos viveiros de 1 e 2 anos, o trabalho de produção de sementes foi efectuado de acordo com a metodologia atual. No restante, após as rejeições no campo, foram recolhidas famílias, amostras de teste, selecções individuais e colecções de sementes, nas quais se procedeu à avaliação laboratorial e à purificação em gins DL-10, foi retirada uma amostra da fibra para análise das propriedades tecnológicas e as sementes foram utilizadas para a plantação de culturas de super-elite.

A partir do viveiro de multiplicação de sementes, foram selecionadas sementes de algodão em bruto das famílias e plantas restantes após rejeições no campo e entregues à fábrica de descaroçamento de algodão para preparação de sementes de elite.

O algodão em bruto foi também colhido das culturas de super elite, passado por descaroçadores de laboratório DL-10, tendo sido colhidas amostras da fibra para análise HVI e a semente utilizada nas culturas de elite.

Nas experiências de campo, foram feitas observações do crescimento e desenvolvimento das plantas, foram determinadas a pureza varietal, a incidência de doenças e pragas e foram registados os rendimentos de cultivo e totais. Nas análises laboratoriais foram determinados os indicadores estipulados pela atual instrução para a produção de sementes de elite e primeira reprodução de variedades zonadas de algodão (1981) e a instrução para a propagação preliminar de novas variedades de algodão. (1986 г).

A fim de fundamentar os indicadores da investigação realizada, foi utilizada a base metodológica para avaliar a materialidade da diferença entre as variantes comparadas, o intervalo de confiança e a relação de correlação de acordo com B.A. Dospekhov (1985) [83], utilizando as fórmulas:

$_1$**1)** Estimativa da diferença de média de amostras independentes com o mesmo número de observações n =n$_2$

$$S_d = \sqrt{S_{\ddot{x}1}{}^2 + S_{\ddot{x}2}{}^2}\ , (1)$$

$_d$em que S - erros das médias aritméticas comparadas $\ddot{x}_1 \quad u \quad \ddot{x}_2$

$$S_{\ddot{x}} = \frac{\sum(x-\ddot{x})^2}{n-1} \qquad (2)$$

$\ddot{x} = \frac{\sum x}{n}$ em que é a média aritmética; n-número de observações

2. critério da materialidade da diferença

$$t = \frac{\ddot{x}_1 - \ddot{x}_2}{\sqrt{S^2{}_{\ddot{x}1} + S^2{}_{\ddot{x}2}}} = \frac{d}{S_d}\ (3)$$

3) Estimativa da materialidade da diferença média (amostras conjugadas) pelo método da diferença

$$S_{\ddot{d}} = \sqrt{\frac{\sum(d-\ddot{d})^2}{n(n-1)}} \quad или \quad S_{\ddot{d}} = \sqrt{\frac{\sum d^2 - (\sum d)^2 \cdot n}{n(n-1)}}\ (4)$$

onde n é o número de pares conjugados;

d-diferença entre pares conjugados de observações.

Diferença significativa mais elevada para o nível de significância 0,95

$$HCP_{05} = t_{05} \cdot S_d\ (5)$$

em que t é o critério de Student

Intervalo de confiança

$$\ddot{x} \pm t_{05} \cdot S_{\ddot{x}}\ (6)$$

4) Estimativa da proximidade da correlação

$$\tau = \frac{\sum(x-\ddot{x})(y-\ddot{y})}{\sqrt{\sum(x-\ddot{x})^2 \cdot \sum(y-\ddot{y})^2}} \quad (7)$$

em que x é uma variável independente;
variável dependente de y;
$\ddot{x}, \ddot{y}$ - médias aritméticas para as séries x e y
Erro de correlação

$$S_\tau = \sqrt{\frac{1-\tau^2}{n-2}} \quad (8)$$

τ em que é o coeficiente de correlação;
n-número de amostras;
S_τ -erro do coeficiente de correlação.

5. Equação de regressão

$$y = \ddot{y} - B_{yx}(x-\ddot{x}) \quad (9)$$

yx em que B - coeficiente de regressão

$$B_{yx} = \frac{\sum(x-\ddot{x})(y-\ddot{y})}{\sum(x-\ddot{x})^2} \quad (10)$$

§2.3.Material de base utilizado na investigação

As sementes das variedades de algodão: C-6524, Sultan, An-Bayaut-2, Bukhara-6, Namangan77, que constam do registo estatal das culturas agrícolas recomendadas para sementeira no território da República do Usbequistão, foram utilizadas como fonte de material de investigação.

Os capítulos seguintes abordam o impacto na melhoria da reprodução do material de superelite através do desenvolvimento de diferentes métodos de produção de sementes.

CAPÍTULO III. ESTUDO COMPARATIVO DOS MÉTODOS APLICADOS DE PRODUÇÃO DE SEMENTES DE ELITE PARA EFEITOS DA SUA UTILIZAÇÃO NA MELHORIA DO SISTEMA DE PRODUÇÃO DE SEMENTES DE ALGODÃO NA

REPÚBLICA

§3.1 Comparação dos métodos aplicados na produção primária de sementes de algodão no Uzbequistão e no estrangeiro

O início da história da criação doméstica e da produção de sementes remonta à segunda metade do século XIX, quando foi feita a primeira tentativa de importar sementes de algodão americanas. Até essa altura, o Uzbequistão cultivava gansos locais pertencentes a G.herbaceum e G.arboreum L. Eram de baixo rendimento, tinham cápsulas pequenas com um baixo rendimento de 25-30%, fibra grossa e curta (18-25 mm) (Efimenko, 1976).

Importada em 1870, a variedade americana de algodão C-Island não se adaptava às condições naturais do Usbequistão devido à sua maturação tardia. Por conseguinte, em 1878, foram importadas sementes de variedades de maturação mais rápida: King, Roussel, Cleveland e outras. Desde essa altura, as variedades americanas começaram gradualmente a substituir as variedades locais (Encyclopaedia of Cotton Growing, 1985). A inexistência de um trabalho de criação e de produção de sementes levou a que as produções de algodão em bruto das diferentes variedades fossem tomadas sem qualquer contabilização, o que levou à mistura de algodão em bruto e à formação de misturas de fábrica.

A mistura de plantas no processo de cultivo em diferentes zonas edafo-climáticas de sementeira de algodão adquiriu qualidades económicas especiais e tornou-se Bukhara, Khorezm, Chimbay, Kokand, etc., com o nome de áreas administrativas de cultivo.

Os anos 1909-1910 devem ser considerados como o início da investigação científica em instituições experimentais. Nessa altura, foram organizados departamentos de reprodução nas estações de Golodnostepskaya e Andijan, onde foram desenvolvidas as variedades Navrotsky, Triumph of Navrotsky, Dehkan, Akdzhura, 169 e 182. No entanto, devido à falta de trabalho de seleção de sementes, a multiplicação das variedades e a sua introdução na produção foi extremamente lenta (Encyclopaedia of Cotton Production, 1985).

Em 1928, as variedades selecionadas de Navrotsky, Triumph of Navrotsky, 169 e 182 tinham substituído as sementes consanguíneas das misturas industriais e dos guzes nas principais zonas. No entanto, a multi-triagem no interior das explorações, devido à má produção de sementes, levou a uma rápida contaminação das variedades (Alexandrov, M, 1962).

A análise dos relatórios da Central Control and Seed Cotton Station (CCSSC) relativos a 1934-1948 mostrou que, em 1884, apenas 300 dessiatinas foram ocupadas por variedades da espécie G hirsutum L perto de Tashkent. Foram obtidos bons resultados com estas variedades.

A seleção natural levou ao aparecimento de variedades que se caracterizavam por uma maturação rápida e por propriedades económicas e tecnológicas superiores (Alexandrov, 1949). Foi o início dos trabalhos de base científica no domínio da produção de sementes de algodão.

Em ligação com a substituição das misturas de variedades de algodão por misturas puramente varietais, nos anos 30 do século passado, o trabalho de melhoramento de sementes de elite foi organizado com base numa abordagem de massa individual para a avaliação e seleção de material de elite. Qualquer variedade refinada nas reproduções mais distantes (ressemeadura de elite) mantém persistentemente os seus traços económicos e biológicos que determinam o rendimento. As mudanças indesejáveis na hereditariedade para estes e outros traços não são grupais, mas individuais, ocorrem raramente, apenas em plantas individuais, e, portanto, não podem rapidamente, sem uma ação muito longa de seleção natural, afetar a deterioração da variedade. A variedade regionalizada foi transferida para multiplicação numa exploração de elite, onde, sem a participação dos autores da variedade, se procedeu à sua multiplicação e renovação varietal em explorações de sementes.

Na renovação varietal a nível mundial, a produção de sementes e o melhoramento das qualidades comerciais das variedades de algodão são efectuados por empresas de sementes especiais, enquanto as instituições de investigação governamentais desenvolvem métodos de produção de sementes. Embora não existam métodos uniformes na prática, cada obtentor-originário ou instituição de investigação relevante produz anualmente a quantidade necessária de sementes de elite pelo método considerado aceitável. (Quadro 3).

A produção de sementes de algodão nos EUA é especializada em sementes, com os seguintes requisitos: germinação de 80-85% ou superior, pureza das culturas por caraterísticas morfológicas não inferiores a 80%, uniformidade relativa da fibra de algodão por propriedades tecnológicas inerentes à variedade em causa. A empresa cobre todos os custos se a pureza varietal e a germinação no campo das sementes vendidas forem inferiores à norma. A elevada pureza é alcançada pelo facto de, em primeiro lugar, a planta purificar apenas uma variedade; em segundo lugar, em condições de campo, é observado o isolamento espacial das culturas, nunca sendo semeadas várias variedades na mesma exploração; em terceiro lugar, é efectuado um abate implacável das plantas atípicas; em quarto lugar, a equipa do autor é totalmente responsável por este trabalho. Sob a sua direção, é organizado o trabalho de produção de sementes de alta qualidade. O trabalho de seleção e produção de sementes é construído como um processo inseparável. Os autores das variedades são responsáveis pela produção das sementes.

Quadro 3

Quadro comparativo da produção de sementes de elite no Uzbequistão e nos EUA

1.	Método aplicado no Uzbequistão sem aplicação de A&S	Berçário I ano		Berçário Ano II	Viveiro de propagação de sementes		Reprodução na cultura	Alguns métodos utilizados nos EUA		
								Nome do método	1 ano	Ano 2
		1500 i.o. área 1,08 ha		400 famílias área 2,88	250 famílias área 30-36 ha		R-1-R-3	Seleção em massa de um grande número de plantas típicas	Seleção 40,0 mil I.O. e rejeição	Vysev I.O. como elite
	Método com aplicação de VSS	Canil VSS		Berçário 2 anos	propagação de sementes			Limpeza do campo de plantas atípicas	Colheita de 10 mil I.O.s.	Canil super elite
		parte paterna	parte materna		viveiro de investigaçã o 1,80 ha	viveiro de sementes 35-40 ha	R-1-R-3	Sistema de padrões modais	6,0 mil E.O.	O berçário original
		400, ou seja, área 0,29	600 área i.o. 0,43	Área do viveiro 2,9 ha				Teste de fileiras de descendentes	Seleção e rejeição E.O.	Creche de 1 ano
								Testes de repetição de linhas e linhas de descendência	1000 E.O. Creche 1 ano	Berçário 2 anos
								O sistema Pedigra	1000 I.O. travagem	Abate no campo e no

									no campo e no laboratório	**laboratório, seleção das melhores famílias**
								Sistema de reserva ou de armazenamento de sementes	**Colheita I.O. - obtenção de 1000kg de sementes**	**1000kg de sementes - original viveiro**

Os campos ou parcelas para a produção de sementes registadas e de sementes de reserva devem ser isolados a uma distância de 1,5 m (um pé-30,5 cm) de outra variedade do mesmo tipo ou de 2,5 m + 20 linhas de proteção adicionais de outras variedades de tipos diferentes.

Os campos onde são produzidas sementes certificadas devem ser isolados a 660 pés + 20 guardas suplementares de outras variedades de tipos diferentes ou a 20 pés de outras variedades do mesmo tipo.

Para a produção separada de sementes de reserva, registadas e certificadas, os campos e as suas parcelas não estão isolados de acordo com os requisitos. Nestes casos, é necessário um limite definido, como uma vedação, vala, estrada, barragem ou faixa de proteção. Qualquer variedade de algodão, numa partição de uma distância isolada, deve ser objetivamente identificada.

Os campos para certificação devem ser inspeccionados pelo menos uma vez antes da colheita, após a abertura de várias caixas. Cada campo

deve ser limpo de outras plantas, variedades. Mistura máxima de outras

são autorizadas variedades ou variedades atípicas: stock e registadas - uma planta por cada 45.000 e certificadas - uma planta por cada 9.000.

Para a produção de sementes de reserva e de sementes registadas, as terras onde foi cultivado algodão no ano anterior não são adequadas se for cultivado algodão da mesma variedade para certificação e se satisfizerem os requisitos da inspeção da pureza varietal. Não devem ser semeados diferentes tipos de variedades nos campos para a produção de sementes de qualidade certificada. Os campos devem estar isentos de todas as infestantes nocivas proibidas e difíceis de identificar. Os campos em estado insatisfatório devem ser abandonados.

As sementes de elite são multiplicadas diretamente na exploração da empresa de sementes ou por contrato em explorações individuais de algodão. As sementes da 1ª reprodução, da 2ª e da 3ª são multiplicadas pelo mesmo sistema. Para a sementeira em massa, são utilizadas principalmente sementes da 3ª reprodução. Uma parte significativa das sementes da 4ª reprodução e das seguintes é utilizada para transformação técnica. No entanto, alguns agricultores, por razões económicas, utilizam as suas próprias sementes da 4ª e seguintes reproduções nas suas culturas, mas trata-se de uma exceção. Os agricultores compram mais de 85% das suas sementes de algodão a empresas especializadas em sementes. Nas parcelas de elite, as plantas doentes e subdesenvolvidas atípicas para a variedade são removidas e são efectuados testes de campo. Os testes de campo também são efectuados nos campos de 1 e 2 reproduções, e a colheita é feita por máquinas.

As sementes de elite têm, em regra, 100% de pureza varietal: 1ª reprodução-99%, 2ª reprodução não inferior a 95%. A germinação das sementes de todas estas reproduções não é inferior a 80%.

Da colheita total dos EUA, até 85% da colheita de sementes é colhida para semente e o restante é processado para fins técnicos. O teor de humidade das sementes não excede 12%, mas é predominantemente de 8%. As variedades "Stonville", "Pedigrid Seal" e "Delta and Pine" das empresas ocupam grandes áreas no clado de algodão dos EUA, Espanha, Grécia, Turquia, América Latina e outros. Este prestígio só é obtido porque as variedades destas empresas são de elevada pureza, as sementes são de elevada germinação e pureza e a fibra é procurada pelas empresas têxteis.

Neste caso, duplicam as culturas de sementes, alugando terras para as localizar em diferentes estados. Por exemplo, a empresa de Stonville semeia a mesma semente no Mississipi e no Louisiana para fins de conservação.

Israel tem uma lei especial sobre as sementes. É emitido um certificado para a sementeira de sementes de uma variedade. O principal indicador de uma variedade é o rendimento. É feita uma distinção entre sementes de reprodução, de reserva e registadas, que correspondem aproximadamente às categorias de sementes de elite, de primeira, segunda e terceira reprodução.

A secção seguinte analisa a evolução da produção de sementes de algodão no Usbequistão.

§3.2 Desenvolvimento da produção de sementes de algodão no Uzbequistão

Na nossa república, as principais tarefas no cultivo de sementes de super elite e de elite são as seguintes:

a) Manutenção de todas as caraterísticas biológicas e qualidades económicas valiosas da variedade;

b) Melhorar ainda mais estas qualidades valiosas no processo de produção de sementes;
c) recuperação de sementes contra doenças e pragas;
d) manter um elevado grau de pureza;
e) multiplicação rápida de sementes para mudança e renovação de variedades.

Isto é feito através da renovação varietal, ou seja, substituindo as sementes menos valiosas por sementes de alta qualidade da mesma variedade das melhores reproduções. As sementes de elite após a sementeira dão sementes da primeira reprodução. A sementeira de sementes da primeira reprodução dá origem a sementes da segunda reprodução, etc. A produção de sementes de algodão nos anos 30-40 do século passado não estava isenta de uma série de deficiências significativas e não havia dados experimentais para melhorar a metodologia. Mas, gradualmente, os resultados do trabalho das explorações de elite foram generalizados e os dados de investigação foram acumulados em instituições científicas. O estudo da vasta experiência das explorações de elite permitiu identificar as deficiências da metodologia de produção de sementes varietais e melhorá-la. Assim, em 1940, foram levadas a cabo as seguintes actividades

O trabalho da elite foi sobrecarregado com a sementeira manual de grandes quantidades de sementes, chegando a restar 10-15 mil ou mais plantas selecionadas individualmente por exploração de elite para cada variedade.

A descendência das sementes colhidas de plantas selecionadas individualmente em culturas de elite foi controlada por grupos de produção, ou seja, a segunda descendência, através da comparação dos indicadores médios das qualidades económicas de um grupo de famílias. A identificação das plantas e das famílias atípicas era difícil de efetuar por este método de cálculo da média. As colecções totais das famílias de multiplicação de sementes não rejeitadas foram combinadas para formar a primeira reprodução da variedade para o futuro.

De 1951 a 1967, o trabalho de elite no Uzbequistão baseou-se não só em plantas individuais mas também em famílias inteiras com caraterísticas positivas, o que limitou a utilização das potencialidades inerentes à variedade. Para melhorar a qualidade do trabalho, o número de plantas e famílias selecionadas foi reduzido de 3 a 4 vezes.

As selecções individuais foram verificadas e avaliadas pela descendência com base nas famílias, ou seja, na primeira descendência. Deste modo, foi possível rejeitar todas as piores famílias diretamente da descendência de cada seleção individual, deixando a descendência das melhores famílias para posterior reprodução. Para evitar a diminuição do número de progenitores e, consequentemente, a degeneração da variedade, foram adicionados anualmente 20-25% de plantas selecionadas individualmente das melhores e mais produtivas colheitas de algodão de alta qualidade da segunda reprodução e das seguintes.

As alterações introduzidas na metodologia permitiram uma redução significativa do custo de produção de sementes de elite e um alívio do pesado trabalho técnico. Paralelamente às alterações na metodologia de seleção e avaliação do material de semente de algodão quanto às qualidades económicas, foi reforçada a avaliação de cada família quanto às propriedades tecnológicas da fibra. Foi introduzida a análise laboratorial de amostras de teste para determinar o peso de uma cápsula (g), o comprimento da fibra (mm), a lucidez (método quantitativo e de peso) e o rendimento da fibra (%). Com base nos dados da avaliação no terreno e nas análises das amostras de ensaio, foram rejeitadas as famílias cujos parâmetros de base eram piores do que a média de todas as famílias. Das melhores famílias que não foram rejeitadas, foram selecionadas as melhores plantas e as suas sementes foram colhidas separadamente para posterior multiplicação.

Desde 1944, o viveiro de sementes introduziu a sementeira de padrões de 10 em 10 famílias (cada família era semeada numa linha separada). As sementes de elite da mesma variedade, lançadas pela exploração de elite no ano anterior, foram utilizadas como padrão.

Para a propagação de sementes, foram selecionadas apenas sementes das famílias mais produtivas e melhores em termos do complexo de indicadores em comparação com os padrões, e as sementes para o viveiro de sementes foram recolhidas apenas de arbustos selecionados individualmente nas melhores famílias.

Ao selecionar famílias e plantas individuais, para além dos dados de avaliação de campo e de laboratório do ano em curso, foram tidas em conta avaliações de anos anteriores.

As explorações de elite foram equipadas com o material tecnológico necessário e os chefes das explorações de elite e os técnicos de laboratório de cada exploração de elite receberam formação sobre a metodologia das análises.

A produção de sementes de primeira reprodução é uma parte importante da seleção de elite. Para além da aprovação habitual, as medidas de produção de sementes nas culturas de primeira reprodução incluíram uma inspeção minuciosa no terreno de todas as plantas durante a floração e o abate de todos os arbustos que não eram típicos da variedade. Simultaneamente, foi dada especial atenção à colocação das primeiras culturas de reprodução em parcelas férteis, em vez de as concentrar em campos adjacentes a culturas de elite, independentemente da sua fertilidade, como acontecia anteriormente.

Nas Instruções sobre a produção de sementes de algodão publicadas em 1940-1945,

O principal objetivo era maximizar a produção da mais alta qualidade, para o que foram cultivadas sementes de elite em condições de elevada agrotecnia, seleção individual dirigida com testes de descendência. Em cada exploração de elite foi estabelecido o seguinte: a) viveiro de sementes numa área de 2 ha, onde foram semeadas pelo menos 1500 selecções individuais de 500-700 progenitores e 500 selecções de culturas de elevado rendimento; b) multiplicação de sementes, onde a colheita de sementes de famílias não rejeitadas no viveiro de sementes foi semeada numa área de 15-20 ha. Os rendimentos totais das famílias não rejeitadas da multiplicação de sementes foram combinados para formar a primeira reprodução da variedade para o futuro.

De 1951 a 1967, o trabalho de elite no Usbequistão baseou-se na utilização de cruzamentos intra-varietais. Em 1950, 1956 e 1963, as instruções relativas à produção de sementes baseavam-se em três princípios: cultivo com um elevado nível agrotécnico e cruzamentos intra-varietais. Em 1960, no Usbequistão, todas as superfícies semeadas de algodão foram semeadas com sementes que tinham sido objeto de cruzamentos intra-varietais.

Na experiência de L.F. Koloyarova em 1953-1959, a observação da eficiência dos cruzamentos intra-varietais foi efectuada até à sétima geração, em cinco gerações foi obtido um aumento de rendimento de 6,5 para 1,4% nas gerações seguintes.

Quadro 4

Observação da eficácia dos cruzamentos intra-varietais

Anos	Geração	Reprodução	Desvio,%
1953	F1	-	+6,5
1954	F2	Elite	+5,5
1955	F3	R1	+7,9
1956	F4	R2	+6,8
1957	F5	R3	+1,4
1958	F6	R4	-3,5
1959	F7	R5	-5

A produtividade e a vitalidade das variedades, em termos da sua utilização efectiva na produção, dependem de muitos factores que podem ser utilizados pelos obtentores e criadores de sementes.

O método de cruzamento intra-varietal era uma reserva para preservar a heterose inicialmente elevada e aumentar a vitalidade das variedades que não tinham sido utilizadas na produção de sementes de algodão. A aplicação deste método na produção de sementes de algodão nos primeiros anos foi complicada e dificultada pelo trabalho extremamente intensivo recomendado associado à castração das flores. Também não era claro qual o efeito do cruzamento intra-sorte nas propriedades tecnológicas da fibra durante um longo período de tempo.

Desde 1951, o método de produção de sementes de variedades de algodão de elite com cruzamento intra-sorte sem castração de flores tem sido utilizado em todas as explorações de elite. No entanto, a possibilidade de utilizar eficazmente o cruzamento intra-sorte na produção de sementes de algodão foi posta em causa por muitos investigadores, uma vez que, em experiências, observaram um aumento da viabilidade e do rendimento das sementes apenas até à segunda e terceira reproduções. Alguns especialistas referiram-se à equivalência, em muitos casos, das sementes de reproduções inferiores e de elite. O esquema de renovação varietal, de acordo com as suas propostas, foi prolongado por 3-4 anos.

Este prolongamento da renovação das variedades era injustificado e levou ao facto de que já em 1957. 65% da área de algodão do país era semeada com sementes de baixa reprodução (quinta a oitava), e em grandes quantidades de culturas de baixo rendimento. Nessa altura, as melhores sementes de culturas de alto rendimento e de maturação diferente eram processadas em lagares de azeite para fins técnicos. Ao mesmo tempo, devido ao prolongamento da renovação das variedades, diminuiu a eficácia do cruzamento intra-sorte e do melhoramento das variedades de algodão em termos de qualidades económicas e propriedades tecnológicas da fibra no processo de trabalho de elite. Por conseguinte, a sessão científica conjunta sobre a cultura do algodão, realizada em 1957 em Tashkent, decidiu restabelecer a ordem anterior na produção de sementes de algodão e na renovação de variedades de acordo com o esquema quinquenal.

Em 1966, os obtentores de sementes M.V.Lyatsky, A.S.Davshan, P.K.Galitsinsky, A.N.Shafrin e outros propuseram a eliminação dos cruzamentos intra-variedades no trabalho com sementes de elite no Uzbequistão, motivados pelo seguinte:

1) O método aplicado para a produção de sementes de algodão de elite, que combina a seleção individual dirigida com o cruzamento intra-varietal e o cultivo de elite num contexto de elevada agrotecnia, foi recomendado sem testes preliminares em condições de produção;

2) a utilização de pólen heterogéneo de formas paternas conduziu à heterogeneidade da descendência, à deterioração do material de sementeira, à diminuição da homogeneidade e ao aumento de formas desviantes;

3) Aumento dos custos de mão de obra para a produção de sementes de elite. Os cruzamentos intra-varietais não podem contribuir para rendimentos elevados em várias gerações.

Em 1965, a revista "Cotton Growing" iniciou um debate sobre a questão dos cruzamentos intra-varietais. Foram revelados tanto os apoiantes como os opositores dos cruzamentos intra-variedades na produção de sementes de algodão. Como resultado da discussão, a Instrução sobre a produção de sementes de algodão, publicada em 1967, previa a reprodução de sementes de elite de duas formas: com e sem a utilização de cruzamentos intra-varietais. Simultaneamente, partiu-se do princípio de que, quando uma variedade era zonada, o Ministério da Agricultura, de acordo com a instituição de melhoramento ou por sugestão do autor da variedade, estabeleceria um ou outro método de produção de sementes de elite.

Após 15 anos de trabalho no domínio da seleção de sementes de algodão com recurso a cruzamentos intra-sorte, a hereditariedade das variedades de algodão das variedades de algodão distritalizadas foi muito perturbada, o que foi repetidamente afirmado pelos trabalhadores das explorações de sementes de elite nas reuniões republicanas.

Durante cerca de seis anos, foram utilizadas, como formas paternas de recolha de pólen, plantas obtidas a partir da sementeira de sementes selecionadas não só de plantas individuais de outras explorações de elite (independentemente das zonas ecológicas), mas também colhidas em culturas domésticas (independentemente da reprodução), ou seja, foi utilizado material não testado.

As alterações metodológicas subsequentes, introduzidas nas instruções de 1956 e 1963, não melhoraram o trabalho de elite, uma vez que se recomendava que a seleção da parte paterna se baseasse nos dados dos ensaios de elite, bem como nas aplicações das explorações de elite. Isto não melhorou a situação, uma vez que a experiência dos "ensaios de elite" foi, em nossa opinião, metodologicamente incorrecta, sem sementeira igualizada, e as aplicações das explorações de elite não eram e não podiam ser objectivas, uma vez que a seleção das elites variava em função dos indicadores de rendimento do ano e das peculiaridades da estação.

Esta situação foi agravada pelo facto de ser impossível identificar as formas atípicas no início da floração, uma vez que as plantas ainda não estão completamente formadas nessa altura. Regra geral, as plantas e famílias atípicas são rejeitadas na segunda inspeção de campo, ou seja, após o cruzamento. Por conseguinte, o pólen recolhido não era biologicamente homogéneo e, consequentemente, observou-se uma variegação na descendência.

Além disso, até 1963, a instrução permitia a perseguição de plantas na parte-mãe do viveiro de cruzamentos intra-varietais, sob a influência da qual a forma do arbusto se alterava acentuadamente e a seleção de plantas típicas se tornava mais difícil. Todos estes factos indicam que os cruzamentos intra-específicos na produção de sementes de algodão foram introduzidos sem uma metodologia suficientemente comprovada. Por conseguinte, sugeriu-se que os cruzamentos intra-sorte na produção de sementes de algodão fossem cancelados até que os organismos de investigação do algodão provassem a sua eficácia e desenvolvessem uma metodologia cientificamente sólida para esta técnica em condições de produção.

O documento normativo de base que define atualmente o trabalho de elite é a "Instrução sobre a produção de sementes de elite e de primeira reprodução", publicada em 1981, que legitimou dois métodos:

1. Método de seleção individual com teste de progénie sem combinação com cruzamento intra-varietal.

2. Método de seleção individual com uma combinação de cruzamentos intra-varietais.

Uma análise cuidadosa das disposições desta instrução mostra que ela não fornece uma ideia e uma resposta claras sobre a questão da seleção garantida de sementes.

Até há pouco tempo, a produção de sementes de algodão em bruto era efectuada por explorações agrícolas recomendadas pelas autoridades agrícolas regionais e distritais, sem ter em conta a sua base material e técnica, o pessoal dos produtores de sementes, as condições edafoclimáticas.

Em 28 de novembro de 1998, o Governo da República do Usbequistão adoptou uma resolução relativa a deficiências significativas nos trabalhos sobre a produção de sementes de algodão, com o número 491, na qual se afirmava, em especial, que o sistema de produção de sementes não tinha sido adequadamente desenvolvido e que a transição para as relações de mercado não tinha sido implementada. Foi igualmente referido que os requisitos das leis da República do Usbequistão "Sobre a produção de sementes" e "Sobre as realizações em matéria de reprodução" não são devidamente observados e que a cooperação entre a produção e a ciência no domínio da produção de sementes não está estabelecida.

As medidas desenvolvidas para a execução das tarefas definidas pela resolução permitiram reduzir o volume de preparação de sementes para sementeira de 181,0 mil toneladas em 1998 para 78 mil toneladas em 2014 e o consumo de sementes por hectare de 123,7 kg. Para 53,5 kg. Assim, o volume de preparação de sementes durante 17 anos diminuiu 2,3 vezes, o consumo de sementes por 1 ha 2,4 vezes.

Iksanov M, Egamberdiev A.E., Ibragimov P.Sh. (2001) sugerem que o trabalho de produção de sementes deve ser efectuado de acordo com uma nova metodologia, mais simplificada, mas bastante eficaz, de trabalho com material de elite. Este pode ser o método americano do criador Smith, o chamado sistema de reserva de sementes, ou a sua modificação.

Sh.Kozubaev (2008) considera que, nas nossas condições, quando o equipamento técnico dos laboratórios de elite não é suficientemente elevado e há falta de especialistas qualificados, a sua modificação, assumindo a reprodução de sementes de elite de 5 em 5 anos, é mais aceitável para começar. Neste caso, é muito mais fácil preservar a germinação das sementes de elite. Além disso, em condições de mudança rápida de variedades, a aquisição de sementes caras simplesmente não se justifica do ponto de vista económico. Depois de ter estudado o método proposto por Y.Meredov, que se baseia na seleção individual uma vez em cada vários anos, propõe-se modificá-lo e testá-lo nas explorações de sementes de elite da República. O método baseava-se na seleção individual uma vez em cada 5 anos.

Durante décadas, a questão dos métodos de produção de sementes de algodão de elite foi objeto de debate. Este facto deve-se a duas razões. A primeira é que, ao contrário de outras culturas, o obtentor original de uma variedade de algodão não participa na produção de elite depois de esta ter sido zonada. Em relação a todas as culturas, tanto no nosso país como no estrangeiro (incluindo o algodão), todos os anos o criador da variedade prepara ele próprio sementes de elite de acordo com o método que considera mais adequado para a preservação da variedade ou para o seu melhoramento.

Em seguida, transfere-as para explorações especiais para multiplicação. A situação da produção de sementes de algodão é bastante diferente. Após o zonamento, o criador da variedade e a instituição de reprodução são libertados da produção anual de elites, que é transferida para explorações de sementes de elite. Os especialistas das explorações de elite têm de fazer muito trabalho - selecionar arbustos típicos, colhê-los separadamente, realizar trabalho de laboratório para avaliar as qualidades económicas e valiosas do algodão em bruto e as propriedades tecnológicas da fibra, abater plantas atípicas, em geral, fazer tudo o que é necessário para obter sementes de elite de uma variedade.

No entanto, os obtentores de sementes não estiveram envolvidos no processo de muitos anos de trabalho de seleção e não têm uma ideia precisa e clara das caraterísticas da variedade. Além disso, as novas variedades são geralmente de origem híbrida, pelo que o material entregue ao obtentor de sementes é geralmente heterogéneo, mesmo em termos de caraterísticas externas. No processo de trabalho, o material é dividido em grupos e é necessário decidir qual deles deve ser tomado como base para uma nova variedade. Este trabalho torna-se mais complicado quando várias explorações de elite se dedicam à produção de sementes de uma variedade. Nestas explorações, as selecções, limpezas e rejeições individuais são feitas por produtores de sementes com qualificações diferentes e percepções diferentes do melhor tipo de variedade. Por conseguinte, a mesma variedade pode ter diferentes tipos de ramificação, hábito de arbusto, tamanho da cápsula, etc.

A produção de sementes e o melhoramento das qualidades comerciais de novas variedades de algodão no estrangeiro são efectuados por empresas especializadas em sementes. Na prática, não existem métodos uniformes de produção de sementes de variedades.

Nomeadamente, nos EUA, cada obtentor-originador de uma variedade ou instituição de investigação relevante produz anualmente a quantidade necessária de sementes de elite pelo método que considera aceitável. Nesta base, foi definida a tarefa de efetuar investigação para melhorar o método de produção de sementes originais de algodão na República do Usbequistão.

§3.3 Melhoria dos métodos de multiplicação de sementes originais de variedades de algodão novas e registadas

Em 1986, foi publicada pela primeira vez a "Instrução sobre a multiplicação preliminar de sementes de novas variedades de algodão". Assim, nasceu um guia metodológico para a multiplicação de novas variedades promissoras de algodão.

Até então, a multiplicação preliminar dessas variedades era efectuada de acordo com esquemas próximos da produção de sementes das variedades libertadas.

A falta de uma metodologia unificada para o trabalho de produção de sementes de elite com novas variedades deu origem a diferentes abordagens às questões do seu aperfeiçoamento com base num conjunto de caraterísticas. Assim, alguns agrónomos - obtentores de sementes consideraram a forma da cápsula como o principal traço morfológico, outros - o tipo de ramificação, outros - a folhagem, a forma e a cor das folhas, e outros - a pubescência do caule. Foi observada uma abordagem semelhante para as caraterísticas económicas. A qualidade da fibra com testes de descendência não foi controlada em todas as explorações, o que teve um efeito negativo na libertação da variedade em grandes áreas.

A instrução definiu uma abordagem comum para todos os produtores de sementes multiplicarem novas variedades de algodão. Foi estabelecido um esquema trienal de reprodução de sementes, que inclui a criação de viveiros para ensaios familiares de primeiro ano (viveiro de sementes de primeiro ano), ensaios familiares de segundo ano (viveiro de sementes de segundo ano) e multiplicação (multiplicação de sementes).

A transição de uma variedade promissora de um regime de reprodução de elite bienal para um regime trienal deveria ter contribuído para melhorar a eficiência da produção de sementes primárias de novas variedades de algodão.

Para as variedades pouco prometedoras, mantém-se o esquema de multiplicação de sementes de dois anos. É permitido que uma família de viveiro do primeiro ano seja rejeitada se **contiver** mais de três plantas atípicas. Apesar do valor desta instrução e da sua importância para a propagação ordenada de novas variedades, há muitos comentários sobre os seus pontos individuais.

A atual instrução sobre a produção de tais sementes é obsoleta, carece de secções que definam a necessidade de produção de sementes primárias, aumentando o papel das sementes de elite, racionalizando a responsabilidade pelas condições varietais do autor da variedade, o criador de sementes. Está prevista a transferência de sementes de elite de uma nova variedade para multiplicação preliminar com pureza varietal não inferior a 96%, o que satisfaz os requisitos da norma para a terceira reprodução. Entretanto, a principal tarefa da exploração de multiplicação preliminar de sementes de novas variedades de algodão é a reprodução de sementes de elite e a multiplicação acelerada de reproduções de novas variedades e, se necessário, o aperfeiçoamento de novas variedades de acordo com a qualidade varietal.

De acordo com as instruções em vigor desde 1986, cada exploração de novas variedades pode propagar até 5 variedades de reprodução, sem isolamento espacial.

A análise do trabalho das explorações na multiplicação preliminar de novas variedades de algodão para 2008-2015 mostra que nem todas as explorações cumprem esta disposição. Algumas explorações semeiam mais de 5 variedades em alguns anos, como Izbaskensoe, Kasbiy, Uychyn (Kyzyl-Ravat), Akkurgan e outras.

O número de novas variedades testadas aumenta todos os anos, pelo que em 2008 existiam 55 variedades e em 2015 - 76. Durante 8 anos, foram lançadas 4 novas variedades, 1 variedade de cada uma das quintas de elite de Chimbay, Izbaskent, Uichi e Kumkurgan.

De acordo com as regras do Ensaio de Variedades do Estado, cada nova variedade deve ser propagada numa exploração de pré-propagação durante 3 anos e é proposta para libertação e retirada do ensaio. No entanto, há variedades que foram testadas durante mais de 8 anos. São elas Unkurgan-1, Kilozhak e Shonch, e algumas variedades foram testadas durante mais de 4 anos. Este facto sobrecarrega o trabalho dos especialistas, não contribui para a preservação e melhoria da pureza varietal, pelo contrário, favorece ainda mais a mistura biológica e a redução da pureza varietal. (Anexo 1).

Consideremos como a herança de caraterísticas e a sua variabilidade estão inter-relacionadas.

§3.4 Herança de caraterísticas e sua variabilidade

É sabido que a ciência genética distingue dois grupos de caraterísticas, qualitativas e quantitativas. Por sugestão de K. Mauser, foi introduzido o conceito de diferenças essenciais entre os "genes principais" que influenciam a manifestação dos traços qualitativos e a ação dos poligenes responsáveis pela herança dos traços quantitativos. Estes sistemas de genes, segundo Mauser, têm uma localização diferente na substância do cromossoma. Além disso, os caracteres qualitativos são, em regra, herdados monofactorialmente e são determinados pelo número de genes que não excede a ploidia do organismo. As caraterísticas quantitativas são herdadas por um grande número de genes poliméricos de ação inequívoca. E quanto mais complexa for a herança de uma caraterística, maior será o número de genes que a controlam.

O estudo da hereditariedade do traço "tipo de ramificação" do algodão leva a conclusões contraditórias. $_2$Assim, em estudos (Musaeva D et al., 1983), observa-se que todos os subtipos (1, 11, 111) do tipo indeterminado de simpódio se comportam como dominantes óbvios em relação ao tipo limite, e uma divisão 3:1 é observada em F . Ao mesmo tempo, o cruzamento de linhas, por exemplo com ramos frutíferos dos tipos 1 e 111, conduz a uma herança como em polimerismo.

$_2$ Também se observou que entre os híbridos F resultantes do cruzamento de linhas de tipo marginal com 1 linha de tipo não marginal, se distinguem indivíduos com 11 e 111 tipos de ramos frutíferos, isto é, diferentes de ambos os progenitores. Estes factos requerem uma explicação, pois não se enquadram na fórmula da herança monomérica.

De acordo com a eficiência da seleção, propõe-se que as caraterísticas quantitativas do algodão sejam divididas em 2 grupos (Simongulyan N, 1980): o primeiro - caraterísticas controladas pelo maior número de genes poliméricos e, portanto, a produtividade e o número de cápsulas por arbusto mais variáveis.

A eficiência da seleção é a mais baixa e a heterose é mais frequentemente observada; o segundo - comprimento, resistência e finura da fibra, controlados por um menor número de genes. São menos variáveis sob a influência das condições ambientais, pelo que as suas taxas de hereditariedade são mais elevadas e a seleção é mais eficaz. Caraterísticas como o período vegetativo, o tamanho da cápsula e o peso de 1000 sementes ocupam uma posição intermédia.

É de notar, no entanto, que a subdivisão dos traços em qualitativos e quantitativos é condicional, uma vez que não existem diferenças fundamentais entre eles em termos de hereditariedade. Este facto é comprovado, pelo menos, pelo seguinte. A seleção para os caracteres peso de uma cápsula de algodão cru, altura do caule principal, período vegetativo, comprimento e rendimento em fibras, tamanho da semente, tal como no caso dos caracteres qualitativos, é bastante eficaz.

Esta é a base para assumir que eles podem ser determinados pelos principais genes que proporcionam a sua manifestação na descendência. De acordo com as nossas observações, a estabilização de cada um dos traços mencionados separadamente foi observada a partir do segundo ano

As variedades podem combinar diferentes tipos de ramos e diferentes graus de dissecação das lâminas foliares (caraterísticas qualitativas) com diferentes alturas de planta, tamanho da cápsula, maturidade precoce, comprimento e rendimento em fibras, ou seja, as caraterísticas qualitativas e quantitativas mencionadas podem ser combinadas livremente entre si. Este facto indica uma base semelhante para a sua determinação.

Estudos mostram que não é fácil melhorar a eficiência da produção de sementes. A seleção de biótipos que possam ser úteis no futuro é dificultada pela ocultação de caraterísticas com grande variabilidade mutacional e de modificação. Por conseguinte, atualmente, é urgente realizar uma investigação fundamental aprofundada em condições estritamente controladas, a fim de compreender melhor a natureza genotípica do material de origem para o trabalho de melhoramento e o seu potencial para a manifestação fenotípica de caraterísticas úteis e as suas inter-relações.

Além disso, deve ser dada mais atenção à melhoria do nível global da cultura e à maximização do potencial das medidas agronómicas e conexas, a fim de tirar o melhor partido do potencial das variedades existentes e recentemente desenvolvidas.

Com base no que precede, parece-nos que os conceitos de traço e de propriedade devem ser entendidos de forma ambígua, como é habitual. O termo "traço" deve obviamente referir-se a todas as caraterísticas qualitativas de um organismo determinadas pelos genes principais. Esta noção deve incluir principalmente os elementos que asseguram o crescimento, a reprodução e a sobrevivência do organismo em determinadas condições. Todas as variações de um traço (na filogenia e na ontogenia) podem ser imaginadas como o resultado de mudanças herdadas nas propriedades dos genes, expressando as suas potencialidades, fornecidas e realizadas como resultado da variabilidade combinatória, mutacional e de modificação. Por exemplo, a categoria de traços, em primeiro lugar, deve incluir a aparência necessária em virtude do condicionamento evolutivo em geral:

-órgãos geradores - botão, flor, caixa, semente, etc..;

-O período de vegetação em geral, e todas as transições nesta caraterística devem ser entendidas como alterações hereditárias nas propriedades dos genes principais;

-considerar todas as transições como alterações herdadas nas propriedades dos genes subjacentes.

A manifestação de caraterísticas tão amplamente variáveis como o peso da cápsula, a produtividade e o rendimento pode ser considerada como o resultado da ação de genes responsáveis pela emergência da cápsula.

O seu número no arbusto não é determinado por nenhum **gene** especial, mas depende principalmente do nível de agrotecnia, das condições climáticas específicas, das condições da estação, etc. Caso contrário, a seleção das plantas mais produtivas preservaria esta propriedade inalterada em gerações repetidas, o que de facto não acontece. Não é por acaso, portanto, que as variedades modernas diferem praticamente pouco nesta caraterística das primeiras variedades domésticas.

É bem sabido que as novas variedades de reprodução são submetidas a testes estatais obrigatórios. Ao mesmo tempo, são estudadas as suas caraterísticas morfológicas, económicas e as propriedades tecnológicas da fibra de algodão, a fim de selecionar as melhores variedades para a produção.

A classificação das fibras é efectuada da seguinte forma. Para o ensaio das fibras de algodão, são colhidas duas amostras de cada amostra de doutrinação ou de ensaio durante o processo de descaroçamento. A amostra acabada é embalada, etiquetada e enviada ao proprietário da fibra ou a um laboratório para análise. Até há pouco tempo, a classificação era efectuada visualmente através de um exame organolético da amostra para determinar o grau e o comprimento dos fios. Apenas o índice micronaire era determinado por instrumentos. Desde 2001, todas as análises devem ser efectuadas por instrumentos em sistemas HVI.

Os resultados das análises são registados numa ficha de classificação, designada por ficha verde devido à cor verde das inscrições e marcações. A ficha preenchida é devolvida à fábrica que, por sua vez, a transmite ao agricultor. Os sistemas HVI determinam a cor (reflectância e grau de amarelecimento), o comprimento, o índice micronaire, a carga de rutura relativa, a irregularidade do comprimento, o alongamento na rutura da fibra e as impurezas não fibrosas. As gradações da qualidade das fibras nas normas testadas pelo comité diminuíram independentemente da carga de rutura das fibras e do fator de maturidade. Concluiu-se que as normas não reflectiam uma diminuição consistente da qualidade das fibras à medida que os graus diminuíam. Não há dúvida de que esta conclusão continua a ser verdadeira atualmente.

Os valores do índice micronaire e da carga de rutura absoluta são próximos em termos numéricos. A sua relação clara dentro do mesmo tipo é determinada pela forte dependência global da espessura da fibra. Como existe uma discrepância na densidade linear entre os tipos de fibras, o índice micronaire reage a este facto.

A carga de rotura absoluta é menos sensível à mudança de tipo, pelo que a relação recíproca entre o microfone e a carga de rotura absoluta varia consoante o tipo de fibra.

A qualidade do fio é claramente influenciada pela carga de rotura relativa, pela densidade linear das fibras e pelo comprimento dos fios. Estes três parâmetros estão fortemente correlacionados entre si, o que reflecte a imagem real das propriedades dos diferentes tipos de fibras. As fibras mais longas tendem a ter uma densidade linear mais baixa e uma carga de rotura relativa mais elevada. A fixação de cada um destes factores revelará qual deles tem a maior influência. Para efeitos de orientação, deve ser dada atenção à fibra madura com a carga de rutura relativa mais elevada. Isto mudará significativamente a visão do sistema de avaliação da qualidade da fibra de algodão e a orientação do trabalho de seleção de novas variedades de algodão.

A mesma abordagem está a ser seguida atualmente na produção mundial de algodão. Atualmente, os países produtores de algodão devem prestar a máxima atenção ao cultivo de algodão com um micronaire mais baixo, ou seja, espessura. A principal tarefa na multiplicação de sementes é manter os traços economicamente valiosos determinados pelo autor ao zonear a variedade. Ao mesmo tempo, deve ser dada especial atenção à preservação das caraterísticas durante a rejeição e seleção do material de elite.

§3.5 Estudo da rejeição e seleção de material de elite em explorações de pré-criação de elite

Para estudar a aplicação da rejeição no campo e no laboratório, foram efectuadas experiências com novas variedades de algodão na exploração de elite de Izbaskent, na região de Andijan, com sementes da variedade Unkurgan-1, numa quantidade de 300 selecções individuais e 50 famílias de viveiros de 1 ano;

b) Uchkupriksom do oblast de Fergana, com sementes da variedade

Unkurgan-4, no montante de 150 selecções individuais e 15 famílias de viveiros de 1 ano.

Antes de enviar as sementes para as explorações de elite, o laboratório do Sifat determinou os parâmetros tecnológicos da fibra de cada seleção. De acordo com os resultados das análises, foram rejeitadas as selecções de indole com micronaire inferior a 3,8 e superior a 4,8. As selecções com micronaire 3,9-4,7 foram semeadas. Durante a estação de crescimento, de maio a outubro, os investigadores deslocaram-se repetidamente às explorações de elite mencionadas e participaram na seleção de campo, na rejeição de plantas atípicas e na seleção das melhores plantas mais típicas para seleção individual. Na exploração de pré-propagação de elite de Izbaskent, para além da variedade Unkurgan-1, foram propagadas mais 4 variedades: Kelajak, Andijan-37, Andijan-40 e Umid. Os dados sobre o rendimento na primeira colheita são apresentados no quadro 5.

Quadro 5

Rendimento do algodão bruto das novas variedades de algodão na 1.ª colheita

№	Ordenar	Algodão em bruto		Algodão industrial em bruto		Total de algodão bruto	
		kg	kg/ha	kg	kg/ha	kg	kg/ha
1	Kelajak	5000	25,0	1980	9,9	6980	34,9
2	E-37	3120	15,6	3890	19,5	7010	35,1
3	E-40	3130	15,7	3920	19,6	7050	35,3
4	Umid	630	14,0	910	19,8	1540	33,5
5	Unkurgan-1	1080	20,0	840	15,6	1920	35,6

Os dados do quadro mostram que o rendimento mais elevado de

uma colheita foi na variedade Unkurgan-1 e foi de 35,6 kg/ha, o que é quase 2 kg/ha mais elevado do que na variedade Umid. Após a conclusão da colheita do algodão em bruto, as caraterísticas de valor económico das variedades multiplicadas foram determinadas por amostras experimentais, que são apresentadas no Quadro 4.

O quadro 6 mostra que a variedade Unkurgan-1, com um rendimento de 45,3 kg/ha, partilha o 1-3 lugar com as variedades Andijan-37 e Umid, tem o rendimento de fibras mais elevado (40,4%), que é 5% superior ao da variedade Umid, 2,2% superior ao da variedade Andijan-37 e 1,2% superior ao da variedade Kelajak. Ao mesmo tempo, a variedade Unkurgan-1 tem um peso baixo (90 g) de 1000 sementes, que é 40 gramas inferior ao da variedade Umid. No viveiro foram recolhidas 85 amostras experimentais e colecções semente a semente, nas quais se determinou o peso do algodão em bruto de uma cápsula (g), o comprimento da fibra (mm) e o rendimento da fibra (%), cujos dados são apresentados no Quadro 5. Os dados mostram que o peso do algodão cru de uma cápsula varia de 5,3 a 6,8 (g), o comprimento da fibra nas cápsulas de 33,0 a 34,4 mm e a percentagem de rendimento da fibra de 38 a 42,4%.

Quadro 6

Caraterísticas económicas e de valor das variedades de algodão

№	Ordenar	Área	Peso de uma caixa, gr	Comprimento da fibra, mm	Rendimento em fibras, %	Peso de 1000 sementes	Total de algodão bruto	Rendimento
1	Kelajak	1,8	6,2	34,9	39,2	116	7450	41,4
2	Andijan-37	1,8	5,4	34,5	38,2	110	8150	45,3
3	Andijan-40	1,8	5,4	33,5	36,7	112	7155	39,8
4	Umid	0,40	6,1	33,3	35,4	130	1810	45,3
5	Unkurgan-1	0,32	5,5	33,8	40,4	90	1320	45,3

De acordo com as análises laboratoriais, as famílias foram rejeitadas. Em 85 famílias foram colhidas 400 amostras individuais, ou seja, em média, foram colhidas quase 5 amostras indo de uma família. O peso do algodão cru e das sementes e o comprimento da fibra foram determinados a partir das amostras individuais recolhidas. O peso das sementes varia entre 31 e 43 gramas e o comprimento das fibras entre 32,4 e 34,4 mm.

Quadro 7

Lista recapitulativa dos resultados das análises laboratoriais da variedade Unkurgan-1 na Izbaskan Elite Farm

Números de famílias do ano atual	Peso de algodão bruto de uma cápsula, gr	Comprimento da fibra	Percentagem de rendimento em fibras	Colheita de algodão em rama			% de desbaste de plantas	Peso das sementes das colecções de sementes kg
				A partir de 1 planta, gr	A partir de 1 carreira gr	Ts-ga		
2	6,4	33,8	39,2	37,0	1666	18,5	10	570
4	6,4	33,1	36,0	52,3	1937	21,5	26	540
5	6,5	33,6	39,3	35,5	1692	18,8	4	570
6	6,5	33,2	40,0	48,2	1832	20,4	24	560
7	6,3	33,0	41,7	39,1	1525	16,9	22	560
8	6,8	33,0	41,0	38,3	1838	20,4	4	570
9	6.1	33,2	39,6	44,5	1783	19,8	20	540
10	5,8	33,5	38,0	37,6	1615	17,9	14	500
11	6,7	33,6	41,3	39,9	1834	20,4	8	520
12	6,3	34,4	40,7	48,6	2042	22,7	16	580
13	6,5	33,6	40,0	48,8	2098	23,3	14	590
14	6,4	33,9	42,0	37,4	1682	18,7	10	620
18	5,6	33,4	38,0	44,4	1732	19,2	22	580
19	5,7	33,5	39,2	40,0	1680	15,3	16	530
20	5,8	33,9	40,4	51,8	1760	19,6	32	500
21	5,4	33,9	40,0	39,8	1791	19,9	10	480
22	5,9	34,2	38,8	42,2	1689	18,8	20	490
23	5,9	33,6	39,2	41,8	1727	19,2	16	500
24	5,4	34,0	38,4	30,9	1300	14,4	16	470

25	5,9	34,2	42,0	32,9	1483	16,5	10	470
26	5,8	33,7	44,0	34,9	1605	17,8	8	520
27	5,7	33,7	42,8	37,6	1656	18,4	12	460
28	5,8	33,8	41,2	44,9	1888	20,9	16	490
29	5,5	33,4	38,4	49,5	2029	22,5	18	480
30	5,9	34,1	39,2	36,8	1623	18,0	12	490
31	6,1	33,4	39,3	31,2	1377	15,3	12	540
33	5,5	33,4	39,6	45,2	1807	20,0	20	530
35	5,9	33,4	38,0	36,5	1641	18,2	10	500
36	6,2	33,6	39,7	36,2	1451	16,1	20	490
38	5,8	33,4	40,4	40,4	1778	19,8	12	550
39	5,9	33,5	41,2	37,6	1733	19,3	8	440
40	5,7	33,4	37,6	34,6	1452	16,1	16	480
41	5,7	33,7	39,2	37,6	1618	18,0	14	520
42	6,3	33,1	41,3	36,7	1834	20,4	0	570
43	5,8	33,2	40,0	44,0	1673	18,6	24	510
44	5,6	33,9	40,0	44,5	1694	18,8	24	500
45	5,9	33,4	38,0	33,9	1494	16,6	12	560
46	5,8	33,7	38,4	37,3	1791	18,8	4	540
47	5,9	33,4	39,2	33,7	1595	17,6	6	520
48	6,5	33,2	40,0	44,1	1454	16,2	34	510
49	6,2	33,4	39,3	35,1	1616	17,9	8	570
50	5,7	33,7	40,4	37,2	1636	18,2	12	470
51	6,7	33,3	40,3	37,1	1782	19,8	4	530
52	6,3	33,2	40,0	35,6	1424	16,6	16	500
53	5,7	33,7	39,6	38,8	1473	16,4	24	500
54	6,1	34,1	38,4	33,5	1476	16,4	12	500
55	5,4	34,2	37,6	36,9	1405	15,6	24	450
56	6,5	33,9	41,7	41,8	1590	17,7	24	500
57	5,9	33,4	39,2	38,8	1669	18,5	14	570
58	6,5	33,3	40,0	37,3	1604	17,8	14	580
59	5,6	33,5	40,4	34,0	1564	17,3	8	550
60	6,0	33,9	41,2	34,4	1448	16,1	16	490
61	5,7	33,5	43,2	41,4	1534	17,0	26	550
62	6,3	33,7	39,3	44,1	1812	20,1	18	660
67	6,3	33,8	39,7	44,9	1752	19,5	22	570
68	5,6	33,5	39,2	43,4	1954	21,7	10	560
69	5,6	33,6	39,6	40,3	1652	18,3	18	520

70	6,3	33,8	39,0	48,2	1782	19,8	26	620
71	5,8	33,7	38,4	41,2	16,47	18,3	20	570
72	5,9	33,6	38,8	40,6	1746	19,4	14	580
73	5,6	33,7	42,4	38,6	1606	17,8	14	530
74	5,4	33,6	42,0	35,6	1494	16,6	16	540
76	5,4	33,4	40,4	40,2	1689	18,8	16	550
77	6,1	34,0	39,2	34,7	1424	15,8	18	540
78	5,9	34,0	40,0	48,6	1800	20,0	26	550
79	5,6	33,8	39,6	38,6	1700	18,9	12	580
80	5,4	33,8	38,8	36,5	1572	17,5	14	570
81	5,4	33,7	37,6	45,8	1365	15,2	40	480
82	5,5	34,0	38,4	34,3	1439	16,0	16	530
83	5,5	33,6	40,4	43,5	1740	19,3	20	570
84	5,3	33,6	42,0	49,0	1617	17,9	34	610
85	5,7	33,3	39,6	39,5	1779	19,8	10	660

A seleção na produção de sementes primárias é utilizada para distinguir a variação genética hereditária da variação modificadora, ou seja, não hereditária, para detetar e eliminar a primeira e para reter a segunda. O solo e outras micro-diferenças em qualquer viveiro criam variabilidade de modificação, em resultado da qual muitas plantas passam de uma classe de variação para outra em termos de produtividade no ano seguinte, em condições de cultivo que se alteraram para elas. A maioria das plantas com produtividade reduzida no viveiro de seleção recuperam-na no viveiro de sementes. Por conseguinte, em estudos posteriores, foi analisada a fiabilidade da avaliação das famílias durante a seleção no campo.

Os métodos de reprodução de sementes originais, a realização de selecções e a técnica dos seus testes na prática mundial diferem em grande medida dos adoptados no Uzbequistão. Nesta base, a lógica da preparação de sementes originais (super-elite) foi reflectida na nossa investigação posterior.

CAPÍTULO IV. ESTUDO COMPARATIVO DA FIABILIDADE DA AVALIAÇÃO FAMILIAR EM VIVEIROS DE SEMENTES ATRAVÉS DE RASTREIO DE CAMPO E DE ANÁLISES LABORATORIAIS

§4.1 Estudo da reprodução de sementes de algodão em novas variedades de algodão

Em 2009, foram semeadas 12 linhas nos campos da Estação Republicana de Produção Primária de Sementes e Ciência das Sementes de Culturas, das quais foram recolhidas 1100 amostras individuais e analisadas 60 amostras de sementes, que foram prodiginadas em 10 serras. Com base nos dados relativos ao comprimento das fibras e ao peso das sementes, foram rejeitadas 350 selecções individuais e as fibras das restantes 850 selecções indo foram enviadas para o laboratório RC Sifat para determinação da qualidade. Após a obtenção dos resultados da análise da qualidade das fibras de amostras individuais de fibras das linhas HVI, foram rejeitadas as amostras indo com micronaire inferior a 4,0 e superior a 4,8. Antes da sementeira de todas as linhas restantes para multiplicação, as amostras de sementes foram submetidas ao laboratório de ciências das sementes para determinação das qualidades de sementeira. (Quadro 8).

Quadro 8

Qualidades de sementeira das sementes de diferentes linhas

№	Opções	Maturidade das sementes	Energia de germinação,%	Germinação de sementes, %	Danos mecânicos,%	Peso 1000 sementes, gr	Teor de fibra residual das sementes, %
1	Linha-7	96/8	92,0	96,0	1,7	118	1,2
2	Linha-8	97/17	89,0	94,0	1,9	112	1,4
3	Linha-9	94/18	91,0	93,0	1,6	110	1,1

4	Linha-10	98/5	93,0	96,0	2,1	116	1,2
5	Linha-11	98/9	92,0	96,0	1,3	107	1,0
6	Linha-12	94/16	89,0	93,0	1,8	119	1,2

Como se pode ver no quadro, a germinação das sementes de todas as linhas foi condicionada, ou seja, superior a 90%. Devido à baixa qualidade do descaroçamento, as amostras de sementes de todas as linhas apresentavam fibras residuais acima dos valores permitidos pela norma (de 1,0 a 1,4%), sendo a norma de 0,8%.

O maior peso de 1000 sementes foi registado nas linhas 12 e 7, com 119 e 118 gramas, respetivamente, e o menor peso de 1000 sementes foi registado na linha 11, com 107 gramas.

Em 15-16 de abril, o campo foi dividido em parcelas e, no período de 17 a 18 de abril, procedeu-se à sementeira do material de seleção preparado para multiplicação e desenvolvimento posterior. Na variedade Unkurgan-1 foram semeadas 100 selecções individuais em 30 parcelas de poços no esquema 60h30-1. Na variedade Unkurgan-2 foram semeadas 64 selecções individuais e 40 parcelas de sementes. Além disso, as linhas 7,8,9,10,11,12 colhidas na colheita de 2008 foram semeadas na seguinte quantidade após rejeição.

Linha-7: seleção interna 90 peças, pós-seleção 12 linhas; linha-8: pós-seleção 16 linhas; linha-9: seleção interna 89 peças, pós-seleção 16 linhas; linha-10: seleção interna 80 peças; linha-11: seleção interna 19 peças, pós-seleção 48 linhas; linha-12: pós-seleção-42 linhas.

Para obter rebentos de pleno direito, foi efectuada uma irrigação de alimentação em 27-28 de abril e, de 3 a 8 de maio, foi feito o registo da emergência dos rebentos. Foi determinada a germinação no campo das sementes das linhas utilizadas para a sementeira. As sementes das linhas 7 e 10 apresentaram a melhor germinação. Foi determinada a densidade das plantas em pé, em 1 de junho e 1 de julho, sendo os melhores indicadores as linhas 7, 10 e 11. Assim, a 1 de julho, as plantas tinham uma altura de 56 a 59 cm e cerca de 1 cápsula. O início da floração em massa foi marcado a 30 de junho, altura em que se começou a limpar as linhas das impurezas varietais. Posteriormente, foram registados o crescimento e o desenvolvimento das plantas. Os melhores indicadores estavam nas linhas 7, 10 e 11, que estavam à frente das outras linhas no crescimento das plantas em 2-5 cm, no número de ramos simpodiais em 0,7-1,5 pcs, no número de cápsulas em 0,8-1,2 pcs. Em todas as linhas, as plantas foram limpas de impurezas. Material de qualidade pura foi encontrado nas linhas 7-10. O material de baixa qualidade foi encontrado nas linhas 8, 9 e 12. O material foi completamente rejeitado e o algodão cru destas linhas foi recolhido e entregue como material técnico. Do resto do material de semente recolhido, 2000 selecções individuais de mais de 800 kg de respiga de semente e 40 amostras, incluindo a linha 7, ou seja, 425 unidades de amostras de 25 unidades de respiga de semente, com um peso de 525 kg, a linha -10, ou seja, 649 unidades de amostras de 15 e 276 kg de respiga de semente, as restantes amostras de indo no valor de 926 unidades recolhidas nas variedades Unkurgan 1 e 2, Unkurgan 4.

A contabilização do rendimento foi efectuada a partir de 1 de novembro. O rendimento mais elevado foi obtido nas plantas da linha 7, que foi de 38,7 c/ha e da linha 10-38,3 c/ha. O peso do algodão em bruto das selecções individuais foi determinado em laboratório, variando entre 45 e 72 gramas. 420 selecções individuais foram descaroçadas e a fibra obtida foi enviada para o laboratório Sifat. As observações fenológicas sobre o desenvolvimento do crescimento e o rendimento das plantas das diferentes linhas de algodão são apresentadas no Quadro 9.

Quadro 9

Informações sobre observações fenológicas relativas ao crescimento, desenvolvimento da porosidade e rendimento de plantas de diferentes linhas de algodão

№	Nome linhas	Germinação no campo, %	A partir de 1 de julho.			A partir de 1 de agosto.			No dia 1 de setembro.				Número de plantas preservadas, mil pcs. ha.	Rendimento em 1 de novembro kg/ha
			Altura, cm	Número de simpódios, pcs	Número de caixas, pcs	Altura, cm	Número de simpódios, pcs	Número de caixas, pcs	Altura, cm	Número de simpódios, pcs	Número de caixas, pcs	Incidência, % Wiltom		
1	Linha-7	74	58	12	0,7	100	15,4	95	115	16,5	12,8	2,4	76,2	38,7
2	Linha-8	69	51	11,4	0,1	95	14,8	8,0	112	16,7	10,9	4,7	84,6	36,9
3	Linha-9	71	54	11,5	0	97	14,7	7,5	113	16,7	10,1	4,9	84,4	34,1
4	Linha-10	78	59	12,0	0,6	103	12,8	10,1	117	16,4	14,6	2,0	75,8	38,3
5	Linha-11	72	56	12,1	0,3	103	16,0	9,8	116	17,4	12,7	2,7	74,1	37,7
6	Linha-12	70	56	11,6	0	98	16,2	75	108	17,8	10,6	5,1	83,7	35,4

§4.2 Investigar a fiabilidade da avaliação familiar de viveiro de 1 e 2 anos em rastreios de campo e análises laboratoriais de variedades de algodão libertadas e novas

A produtividade das plantas é a principal caraterística de valor económico do algodão. No entanto, a produtividade é uma caraterística complexa, que é determinada pelo número de cápsulas e o seu tamanho, peso da semente e maturidade precoce. Ao selecionar a produtividade da planta, os produtores de sementes devem ter em conta que a maioria das caraterísticas de valor económico do algodão estão mutuamente relacionadas. Normalmente, a inter-relação dos caracteres é avaliada por coeficientes de correlação emparelhados. A Tabela 10 mostra os coeficientes de correlação entre as caraterísticas de produtividade da planta número de cápsulas abertas, número total de cápsulas, tamanho da cápsula, peso de 1000 sementes e precocidade nas variedades Unkurgan-2 e Unkurgan-3 desenvolvidas no RSPCC. A tabela mostra que existe uma relação positiva estreita entre a produtividade e o número de cápsulas abertas e o número total de cápsulas.

O tamanho da cápsula e o peso de 1000 sementes têm uma relação fraca com a produtividade da planta. A correlação entre a produtividade das plantas e a maturidade precoce foi negativa. Nas correlações de pares obtidas, a influência de cada caraterística separadamente na produtividade das plantas é distorcida pela influência indireta de outros factores. Para determinar a influência particular de cada caraterística na produtividade das plantas, aplicámos o coeficiente beta. Os coeficientes beta foram também utilizados para avaliar a eficiência da seleção. As médias aritméticas e os desvios-padrão dos caracteres foram determinados a partir dos dados de amostras de duas variedades (quadro 11). Outros cálculos foram efectuados com o programa "Statistics", onde o módulo de análise de regressão múltipla permite calcular os coeficientes beta (quadros 12 e 13).

Quadro 10

Coeficientes de correlação entre produtividade vegetal e caraterísticas

	Número de cápsulas abertas	Número de caixas	Tamanho da cápsula	Peso de 1000 sementes	Vencimento acelerado

Variedade Unkurgan-2					
Produtividade	0,795	0,867	0,376	0,392	-0,401
Variedade Unkurgan-3					
Produtividade	0,808	0,834	0,298	0,166	-0,371

Quadro 11

Médias aritméticas e desvios-padrão das caraterísticas

	Produ tivida de	Número de caixas	Tamanho da cápsula, g	Peso de 1000 sementes, g	Prazo de vencimento , dias	Número de cápsulas abertas
	Variedade Unkurgan-2					
Média	63,00	12,21	5,51	112,64	108,40	10,22
Desvio padrão	20	3,82	0,85	18,76	2,46	3,20
Variedade Unkurgan-3						
Média	65,6	13,5	5,4	109,8	112,3	10,7
Desvio padrão	26,54	6,25	0,92	13,13	3,27	4,26

Quadro 12

coeficientes beta

	Número de cápsulas abertas	Número de caixas	Tamanho da cápsula	Peso de 1000 sementes	Vencimento acelerado
Variedade Unkurgan-2					
Veta	0,267	0,675	0,439	0,044	0,007
Erros	0,030	0,031	0,257	0,277	0,015
Variedade Unkurgan-3					
Veta	0,303	0,652	0,529	-0,070	0,014
Erros	0,053	0,052	0,040	0,039	0,025

Tendo em conta a média aritmética e os desvios-padrão, bem como os coeficientes beta, foram obtidas equações de correlação múltipla em forma normalizada:

Para a variedade Unkurgan-2

$$\frac{X1-63,0}{20,0}=0,267\frac{X2-10,2}{3,2}+0,675\frac{X3-12,2}{2,46}+0,439\frac{X4-5,5}{3,82}+0,044\frac{X5-112,6}{0,85}+0,007\frac{X6-108,4}{18,76}$$

Para a variedade Unkurgan-3

$$\frac{X1-65,6}{20,0}=0,303\frac{X2-10,7}{4,26}+0,652\frac{X3-13,5}{}+0529\frac{X4-5,4}{6,25}-0,007\frac{X5-109,8}{0,92}+0,014\frac{X6-112,3}{13,13}$$

3,27

Onde X1 - produtividade da planta, X2 - número de cápsulas abertas, X3 - número de cápsulas, X4 - tamanho da cápsula, X5 - massa de 1000 sementes, X6 - precocidade.

Os dados dos quadros 9-11 mostram que existe uma diferença significativa entre os coeficientes de correlação emparelhados e os coeficientes beta. Esta diferença explica-se pelo facto de as correlações emparelhadas serem distorcidas durante o cálculo pela influência indireta de outras caraterísticas. A existência de uma relação entre a produtividade e os seus traços constituintes pode ser avaliada mais corretamente pelos coeficientes beta.

Os coeficientes beta são medidas comparáveis do efeito privado de cada caraterística sobre a caraterística de produtividade vegetal e são indicadores da eficiência da seleção. A previsão da eficiência da seleção é efectuada da seguinte forma.

$\sigma 2=3,2$ $\beta 2=0,267$ $\sigma 1$ $\beta 2\sigma 1$ De acordo com a equação de correlação múltipla na forma normalizada, uma alteração de um desvio-padrão no número de cápsulas abertas na variedade Un-Kurgan-2 leva a uma alteração na produtividade da planta por desvio-padrão ou por =0,267*20,0=5,34. As alterações da produtividade na seleção por um desvio-padrão de outros caracteres são apresentadas no quadro 13.

β β Para aumentar a produtividade por seleção, a variação das caraterísticas deve ser orientada num sentido positivo se os coeficientes forem positivos e num sentido negativo se os coeficientes forem negativos.

Quadro 13

Número de cápsulas abertas	Número de caixas	Tamanho da cápsula	Peso de 1000 sementes	Vencimento acelerado
Variedade Unkurgan-2				
5,34	13,50	8,78	0,88	0,14
Variedade Unkurgan-3				

8,04	17,30	14,04	-1,86	0,37

β Assim, os coeficientes determinam o grau de dependência da produtividade vegetal em relação a cada um dos traços dos seus componentes e permitem prever a eficácia da seleção. A investigação efectuada permite-nos tirar as seguintes conclusões:

1. No atual método de reprodução de novas variedades de algodão, os autores da variedade praticamente não participam na seleção das sementes originais e, frequentemente, transferem para multiplicação o material de origem com pureza varietal correspondente à qualidade da 3ª reprodução.

2. Os rastreios de campo devem utilizar mais plenamente a variação das modificações na produtividade, mas é necessária uma rejeição rígida das alterações hereditárias e a remoção das formas subdesenvolvidas, doentes e reduzidas.

3. Para determinar a qualidade da fibra de selecções individuais e amostras experimentais de colecções de sementes de novas variedades de reprodução em explorações de pré-propagação no território da República do Usbequistão, é necessário efetuar análises na linha HVI.

4. Devem ser rejeitadas as famílias de viveiros com qualidade de fibra por micronaire inferior a 4,0 e superior a 4,8, o que contribuirá para a utilização de material de elite de qualidade para sementeira.

§4.3 Avaliar a qualidade da triagem no terreno e da raspagem das famílias

.........O melhoramento de sementes é uma das formas de gerir a adaptabilidade das variedades com base no princípio ecológico da criação e existência do genótipo da variedade. Deve ser considerado como o meio mais eficaz e organizacionalmente disponível de intensificação, biologização e ecologização dos processos de produção de culturas com base na seleção de sementes com propriedades de elevado rendimento devido a processos epigenéticos da ontogénese anterior. Neste caso, o processo de formação das propriedades de rendimento das sementes, proporcionando a implementação de condições agro-ecológicas, inclui tanto a substituição adequada de meios tecnogénicos por meios biológicos, como a utilização mais racional dos recursos naturais e tecnogénicos (produção ecológica de sementes), proporcionando assim eficiência energética com base no impacto exógeno no genótipo através do fenótipo da variedade, sustentabilidade, proteção ambiental e rentabilidade da produção agrícola como um todo. Isto pode ser feito de forma puramente tecnológica no processo de cultivo da variedade e de formação da semente na planta-mãe, bem como com base na seleção de lotes de sementes varietais de alto rendimento com base nas suas propriedades de rendimento ao cultivá-las em diferentes condições agro-técnicas e egro-ecológicas.

De acordo com os dados dos relatórios anuais das explorações de sementes de elite, analisámos a qualidade do pastoreio no campo para 2000-2011 para as variedades AN-Bayaut-2 e C-6524 (quadro 14).

Os quadros mostram que é permitida uma baixa percentagem de rejeição de famílias devido a atipicidade em ambos os viveiros. A principal percentagem de rejeição de famílias é devida à agrotecnia. Medidas agro-técnicas intempestivas nas culturas dos viveiros de sementes levam a uma grande rejeição de famílias por dessecação, crescimento excessivo e desbaste.

O conjunto destes indicadores dá uma grande margem de manobra para justificar a sua rejeição. $_{\phi}$Os cálculos e a análise efectuada sobre a comparação dos indicadores de rejeição total das famílias mostram que o critério real de materialidade é $t = 4{,}41$. $_{05}\Delta = 18{,}96$ A mesma diferença é confirmada pela diferença significativa mais pequena: NDS =9,718 com a diferença das variantes comparadas igual a .

$_{\phi 0505}$O índice de atipicidade das famílias rejeitadas nas variedades AN-Bayaut-2 e C-6524 mostra uma diferença significativa das suas diferenças: $t = 8{,}98$ $t = 2{,}26$ com a menor diferença significativa NDS =2,44; enquanto a diferença é $\Delta = 9{,}71$.

Quadro 14

Análise da qualidade dos rastreios de campo em instalações de produção de sementes de elite

explorações da variedade An Bayaut-2

Anos	Núm	Creche do primeiro ano					Berçário do segundo ano				
		Total de	Famílias rejeitadas em %				Total de	Famílias rejeitadas em %			
			Total	Por atipicidade	Por agronomia	Testes laboratoriais		total	Por atipicidade	Por agronomia	Testes laboratoriais
2000	3	3192	46,1	2,2	27,8	16,1	1012	25,6	4,0	9,1	12,5
2001	2	3228	55,5	2,6	35,0	17,9	1600	32,5	3,9	15,5	13,1
2002	2	2572	45,4	2,3	31,7	11,4	920	26,1	6,3	9,4	10,4
2003	3	3273	33,2	3,1	19,0	11,1	2409	35,6	3,3	25,0	7,3
2004	3	3339	56,0	0,6	37,3	18,1	1635	39,2	3,6	25,2	10,4
2005	3	2000	48,9	0,2	24,7	24,0	738	30,8	0,8	23,3	6,7
2006	2	2700	47,6	0,9	31,9	14,8	2784	41,9	1,4	19,3	21,2
2007	3	2700	35,7	0,6	24,6	10,5	1197	42,1	3,0	32,2	6,9
2008	3	2682	44,7	0,9	23,7	20,1	1308	39,0	2,2	27,7	9,1
2009	3	3060	39,7	0,3	26,1	12,8	1253	27,0	0,2	14,2	12,6
2010	3	3027	50,5	6,0	25,8	18,7	1636	45,1	3,0	29,4	12,7
2011	3	3424	53,5	2,0	29,5	22,0	1455	35,0	1,2	22,0	11,8
Média		1087	47,7	2,2	27,0	18,5	495	35,9	2,5	20,9	12,5

$\phi\phi 0505\ \Delta = 8{,}31$ As famílias rejeitadas de acordo com os indicadores agrotécnicos não dão a significância da sua diferença tanto pelo critério "t" como pela diferença significativa mais pequena: t =1,95, e t =2,26, NDS =9,64 na diferença da sua diferença. $\phi 0505\ \Delta = 0{,}92$ A mesma posição de rejeição também para as análises laboratoriais: t =0,404, e t =2,26 e NDS =5,146 para a diferença das variantes comparadas.

Os cálculos para determinar a relação entre o volume de famílias semeadas e a rejeição total da variedade AN-Bayaut-2 dão uma correlação baixa r=0,25, e da variedade C-6524 r=-0,05, ou seja, a rejeição praticamente não depende do volume de famílias semeadas.

Ao mesmo tempo, os intervalos de confiança da rejeição total das famílias das variedades AN-Bayaut-2 e C-6524 não incluem alguns indicadores:

- para a variedade AN-Bayaut-2, o intervalo de confiança é $D = \overline{3} \pm t_{05}\ S_x = 66{,}9 \pm 2{,}26 \times 1{,}988 = (62{,}4 - 71{,}4)$ que não inclui 59,4;

80,1; 62,0;

- para o grau C-6524, o intervalo de confiança é

$D = \overline{3} \pm t_{05}\ S_x = 48{,}99 \pm 2{,}26 \times 3{,}282 = 48{,}99 \div 7{,}419$ que não inclui 36,5; 41,2; 62,8; 68,7.

12A verificação da exatidão dos indicadores de rejeição total obtidos para a variedade AN-Bayaut-2 mostra que os indicadores duvidosos 3 = 59,4 e 3 = 80,1 se situam no âmbito de possíveis flutuações aleatórias, que não devem ser excluídas no cálculo da média.

12A mesma situação corresponde às taxas de rejeição para a variedade C-6524: as taxas questionáveis 3 = 33,2 e 3 = 63,7 também estão dentro do intervalo de possíveis flutuações aleatórias.

Da análise dos dados estatísticos das taxas de rejeição das famílias conclui-se que a metodologia de rejeição utilizada não permite determinar (estimar) corretamente a probabilidade de rejeição e requer o desenvolvimento de um método de rejeição melhor.

Quadro 15

A N A L I Z

qualidade das colheitas de campo de acordo com os relatórios anuais nas explorações de sementes de elite para a variedade C-6524

Anos	Número de explorações de elite	Creche de 1 ano					Berçário 2 anos				
		Total de famílias semeadas, pcs	Famílias rejeitadas, %				Total de famílias semeadas, pcs	Famílias rejeitadas, %			
			Total	Por atipicidade	Por agronomia	Das análises laboratoriais.		Total	Por atipicidade	Por agronomia	Das análises laboratoriais.
2002	**1**	**1500**	**63,3**	**9,1**	**37,6**	**16,6**	**450**	**44,4**	**9,0**	**24,3**	**11,1**
2003	**2**	**2320**	**59,4**	**10,5**	**23,0**	**25,9**	**646**	**36,5**	**7,5**	**20,6**	**8,4**
2004	**2**	**2260**	**80,1**	**12,7**	**51,2**	**16,2**	**926**	**68,7**	**10,4**	**50,3**	**8,0**
2005	**3**	**4100**	**62,0**	**11,3**	**29,3**	**21,4**	**1350**	**52,3**	**10,9**	**27,9**	**13,5**
2006	**2**	**3000**	**63,6**	**12,1**	**39,7**	**11,8**	**900**	**42,0**	**9,7**	**25,6**	**6,7**

2007	2	3000	70,0	13,2	37,6	19,2	900	44,4	10,1	26,0	8,3
2008	2	2900	65,7	10,8	33,7	21,2	868	41,2	12,8	18,0	10,4
2009	3	3360	70,7	14,4	50,3	6,0	1250	62,8	13,6	47,8	1,4
2010	3	4500	62,0	12,5	32,0	17,5	1270	42,8	11,9	26,8	4,1
2011	3	4420	72,2	11,9	42,6	17,7	1674	54,8	12,5	36,8	5,5
Em média, por 1 central eléctrica		1363	66,9	11,9	37,7	17,3	445	49,0	10,8	30,4	7,8

No viveiro do 1° ano, quase 67% do número de famílias semeadas foram rejeitadas, incluindo cerca de 12% por atipicidade e quase 38% das famílias foram rejeitadas por razões agrotécnicas. Foi também observado um grande defeito agronómico de mais de 30% no viveiro de 2 anos. De acordo com a metodologia atual, é necessário semear pelo menos 1500 famílias no viveiro de 1 ano e, no viveiro de 2 anos, pelo menos 400 famílias do viveiro de 1 ano, pelo que a metodologia pressupõe a rejeição de 73% das famílias do viveiro de 1 ano e de quase 40% das famílias do viveiro de 2 anos.

Esta situação leva à sobrecarga de trabalho dos trabalhadores das explorações de elite que efectuam análises de campo e não permite efetuar uma raspagem qualitativa do campo, colocando a tónica principal na raspagem em agrotecnia.

As instruções para a produção de sementes de elite e de primeira reprodução de variedades de algodão libertadas não prevêem o trabalho de produção de sementes de elite tendo em conta as caraterísticas genéticas das variedades, os métodos de criação e seleção, a duração da sua presença na produção. Afinal, o carácter de variabilidade dos traços morfológicos e de valor económico e a sua estabilidade não devem ser idênticos em variedades com origem e potencial genético diferentes (mutante, híbrido interespecífico, híbrido intermutante, etc.). No entanto, a rejeição da agrotecnia não mostra a baixa qualidade das famílias em termos de pureza varietal e de traços de valor económico, mas indica o baixo nível e a oportunidade das medidas agrotécnicas em culturas de elite.

Ao mesmo tempo, as famílias com plantas com elevado potencial de multiplicação podem ser descartadas. A obtenção de sementes puras é um desafio que envolve não só as caraterísticas varietais, os métodos de seleção e de produção de sementes e a influência de diferentes condições de desenvolvimento, mas também as precauções necessárias aquando da colheita, do descaroçamento e da transferência de sementes.

Uma condição importante para a preservação das qualidades varietais do material de elite é a avaliação fiável das selecções individuais destinadas à coleção.

§4.4 Avaliação dos critérios de recolha e rejeição das selecções individuais

A seleção individual de plantas para a renovação de variedades de algodão em explorações de elite deve ser efectuada em duas fases. A avaliação preliminar e a atribuição de arbustos para seleção estão previstas após o aparecimento das primeiras cápsulas normalmente abertas, e a avaliação final - imediatamente antes da colheita. Esta ordem foi introduzida nas explorações de elite devido ao facto de, no período de colheita, as principais caraterísticas morfológicas do algodoeiro sofrerem alterações significativas, não sendo possível determinar a forma da cápsula. Além disso, é difícil efetuar uma seleção cuidadosa de uma só vez, imediatamente antes da colheita, uma vez que esta operação tem de ser realizada num período de tempo muito curto. Nestas condições, não é de excluir a seleção de arbustos atípicos para a variedade e, nos anos seguintes, aumenta a intensidade do trabalho de limpeza das impurezas das culturas de sementes de elite.

Apesar da vantagem óbvia da dupla avaliação das plantas nas explorações de elite, a seleção individual é, na maior parte dos casos, feita de uma só vez - frequentemente mesmo antes da colheita.

Sabe-se que cada indo-seleção difere mesmo dentro do mesmo arbusto, cápsula, semente. Na camada inferior do arbusto de algodão, as flores abrem-se, a fertilização com pólen ocorre por volta de junho, nas camadas superiores 1-2 lugares 7-8 simpódios em julho-agosto.

O período de abertura das flores em junho, após a fertilização até à maturidade, ou seja, o período embrionário no organismo fisiologicamente jovem da planta-mãe, decorre durante mais horas de luz do dia e tempo quente e seco. Durante o período embrionário, as condições alteram num arbusto a forma da cápsula, a semente, as qualidades tecnológicas da fibra e outros indicadores. A descendência de tais plantas perde, de ano para ano, a pureza varietal, ou seja, a homogeneidade genética, as caraterísticas iniciais de valor económico e a qualidade da fibra. Para clarificar os critérios de avaliação das plantas durante a seleção individual, semeámos duas amostras da variedade principal zoneada C-6524 das explorações de elite Yukori-Chirchik e Chinaz. Para restaurar as qualidades de sementeira e limpar a variedade de impurezas, foi semeada uma amostra da elite original em 2009-2011.

O início da floração, a data de abertura da primeira cápsula e a frutificação foram determinados para todas as plantas da experiência. No início da maturidade da colheita, foram identificadas 200 selecções individuais em cada uma das duas parcelas experimentais, incluindo 100 com a maior frutificação independentemente da sua maturidade (com base no início da abertura da cápsula) e 100 selecções com a abertura mais precoce da primeira cápsula e frutificação pelo menos ao nível médio.

As selecções individuais foram subdivididas por peso bruto em classes e para cada classe foram determinados os dados médios dos principais indicadores que caracterizam o desenvolvimento da planta e a formação da produção . Não foram encontradas diferenças significativas na correlação de caraterísticas entre as selecções da primeira e da última reprodução de elite, semelhantes no método de avaliação. A diferença na correlação de caraterísticas foi determinada principalmente pelo princípio de avaliação das plantas.

A distribuição das selecções individuais por peso de algodão bruto cultivado em casa nos quatro grupos apresentou uma curva vertical única da série de variação. Isto indica uma igualização comparativa dos materiais das variedades e das condições normais de crescimento na experiência.

Na seleção de plantas para a produção - a acumulação de órgãos de frutificação, e independentemente do momento da abertura da primeira cápsula - o maior número de selecções individuais (moda) situou-se na classe das 70g, e na seleção para a abertura precoce das primeiras cápsulas e frutificação não inferior à média, foi mais frequente na gama das 50g.

Ao selecionar as plantas de acordo com a sua frutificação, observou-se uma certa correlação entre o peso do algodão em bruto das selecções individuais e as datas da primeira abertura da flor, da primeira abertura da cápsula, da taxa de abertura da cápsula, da frutificação total e do tamanho da cápsula (quadro). A avaliação das plantas com fecundidade elevada não só pela taxa de abertura das cápsulas em setembro, mas também pelo início da maturação e até pela fase de floração, permite-nos identificar selecções individuais mais completas.

No caso da seleção de plantas apenas com base na abertura mais precoce da primeira cápsula, a correlação do rendimento de sementes brutas com outros caracteres de valor económico foi muito menos pronunciada ou nem sequer foi detectada. A variação dos índices de caraterísticas individuais dentro das classes de rendimento foi menor do que no caso da seleção baseada na frutificação (quadro 16).

Quadro 16

Desenvolvimento das plantas, rendimentos individuais seleção para frutificação e maturação precoce

Classes de seleção por peso bruto	Número de casos	Médias das turmas							
		Frutificação	Data de início da floração	Data de vencimento da primeira cápsula	Taxa de abertura caixas em			Embalagens de caixas recolhidas	Peso da caixa (g)
					10/I X	20/I X	30/I X		
Seleção pela maior frutificação									
20(16-25)	2	13.7	8.07	3.09	0	2.7	7.0	4.8	4.1
30(26-35)	3	16.8	9.07	1.09	0.1	3.0	9.8	6.5	5.8
40(36-45)	7	13.0	30.06	25.08	3.0	7.8	10.2	6.7	6.4
50(46-	12	14.0	30.06	26.08	1.7	5.4	9.6	7.7	6.3

55)									
60(56-65)	17	14.5	28.06	25.08	2.3.	6.4	10.4	8.7	6.6
70(66-75)	23	14.0	27.06	24.08	3.0	8.8	11.7	9.8	6.6
80(76-85)	12	14.0	25.06	22.08	3.2	7.6	11.8	10.4	6.7
90(86-95)	12	18.5	25.06	22.08	3.7	8.3	13.2	10.9	6.9
100(96-105)	4	19.0	27.06	23.08	3.0	8.5	13.4	11.2	6.8
110(106-115)	5	20.8	23.06	20.08	4.1	10.8	15.8	12.0	6.9
120(116-125)	1	23.0	22.06	19.08	4.8	10.9	16.3	15.2	7.0
130(126-135)	2	20.0	21.06	19.08	5.1	11.4	17.4	16.0	6.8
Seleção por abertura antecipada da primeira casa									
20(16-25)	3	9.5	1.07	22.08	4.1	7.3	10.1	8.5	5.9
30(26-35)	3	9.9	2.07	23.08	4.0	6.8	9.3	6.7	5.9
40(36-45)	18	10.1	2.07	21.08	4.2	7.1	9.8	7.1	6.0
50(46-55)	34	10.7	2.07	22.08	4.4	8.1	10.2	8.1	6.2
60(56-65)	25	10.7	1.07	20.08	4.5	8.4	10.7	8.4	6.4
70(66-75)	11.9	11.9	30.06	19.08	4.3	10.2	11.0	10.2	6.5
80(76-85)	12.4	12.4	30.06	20.08	3.4	10.7	10.8	10.7	7.0

Nas plantas selecionadas para a abertura mais precoce da primeira cápsula com frutificação não inferior à média, não se verificou uma dependência definitiva do rendimento do algodão em caroço bruto das datas da primeira flor e da primeira cápsula. Com rendimentos de algodão em caroço de 20 a 80 g por arbusto, a diferença no início da floração foi de ± 1 dia por classe, e a diferença no início da abertura da cápsula de ± 2 dias. Por conseguinte, a seleção individual de plantas de frutificação média pelo início da abertura da cápsula e, mais ainda, a seleção sem ter em conta a frutificação total dos arbustos não garante um rendimento total de algodão em caroço em bruto.

Ao avaliar as plantas para seleção individual de uma só vez antes da colheita, os produtores de sementes das explorações de elite centram-se frequentemente no número de cápsulas que se abriram no momento da seleção. Por conseguinte, com este princípio de seleção de plantas para seleção, a sua visualização mais cedo no calendário estará associada a um aumento do número de selecções individuais de baixo peso. Afinal, o carácter de variabilidade dos caracteres morfológicos e economicamente valiosos e a sua estabilidade não devem ser idênticos em variedades com origens e potencial genético diferentes (mutante, híbrido interespecífico, híbrido intermutante, etc.).

A seleção individual, a limpeza e a rejeição de famílias são efectuadas por criadores de sementes com qualificações diferentes, que nem sempre podem fazer uma avaliação correta das famílias restantes, não podem reconhecer o melhor genótipo e, como resultado de uma seleção errada e da rejeição de famílias, pode haver uma perda completa ou uma deterioração acentuada das caraterísticas originais de valor económico e das qualidades tecnológicas da fibra.

As instruções em vigor estipulam que, se uma família tiver mais de 2% de plantas com formas desviadas, é completamente rejeitada, apesar de os restantes 98% de plantas serem produtivas, homogéneas e poderem dar à descendência fibras de elevada qualidade tecnológica. Em seguida, a rejeição é efectuada de acordo com os dados das análises laboratoriais realizadas nas explorações de sementes de elite: o tamanho da cápsula, o comprimento da fibra, o peso da semente e a determinação das propriedades tecnológicas da fibra - carga de rutura, densidade linear e carga de rutura relativa - são realizados centralmente, à discrição do Centro Republicano de Produção de Sementes de Algodão, e as melhores famílias são selecionadas para os viveiros de plantação do ano em curso.

A avaliação e a rejeição do material de elite são efectuadas com base num conjunto de caraterísticas, tendo em conta as condições climáticas e agrotécnicas da cultura de sementes. As desvantagens deste método de rejeição e seleção de material de elite para sementeira são as seguintes

- nível de desempenho muito baixo
- avaliação não totalmente fiável das selecções individuais, que se baseia apenas no comprimento das fibras e no peso das sementes
- erros aritméticos nas séries de variação, que podem distorcer os dados de refugo

Nas condições modernas de desenvolvimento da tecnologia de avaliação e rejeição de material de elite, as questões relacionadas com a redução dos custos de mão de obra intensiva e morosa para o cálculo das séries de variação, melhorando a qualidade e a competitividade do algodão em bruto no mercado mundial, são de importância primordial. Para obter indicadores normativos do algodão em bruto, é necessário aperfeiçoar as tecnologias para melhorar a sua qualidade, tendo em conta as propriedades específicas das variedades selecionadas de algodão. Os indicadores qualitativos e quantitativos da fibra de algodão e de outros subprodutos dependem em grande medida do nível de seleção e rejeição do material. Por conseguinte, para resolver o problema da melhoria da qualidade do algodão em bruto, os problemas de melhoria da tecnologia de seleção e rejeição desempenham um papel importante. A solução para o problema da otimização do processo de produção de sementes na estabilização de variedades de algodão exige indivíduos suficientemente homogéneos em termos de tamanho, forma e velocidade de desenvolvimento, com elevada produtividade e resistência a doenças, que dêem produtos de alta qualidade, etc. A utilização de métodos de seleção dirigida nem sempre resolve este problema: a hipertrofia de algumas funções está inevitavelmente associada à deterioração ou enfraquecimento de outras, que é o "pagamento" habitual da seleção. Esta abordagem pode ser contrastada com uma outra, no âmbito da qual o fenótipo que se desvia minimamente da média de vários traços variáveis é considerado como o mais adaptado às diversas exigências do meio ambiente.

§4.5. Estudo dos métodos de seleção modal das plantas

Cada variedade foi semeada separadamente em parcelas de 5 mil plantas. A disposição era de 60 x 30 x 1. As medidas agrotécnicas eram comuns na produção. Para a recolha do material inicial, as parcelas foram divididas condicionalmente em quadrados de 4 linhas com 40 a 50 plantas em cada uma. Selecionando uma planta de cada vez no centro da linha, foram selecionadas 100 plantas da variedade Sultan e 40 da geração parental (P). Cada planta foi caracterizada tendo em conta as caraterísticas morfológicas e fisiológicas - um total de 17 caraterísticas medidas ou contadas para os órgãos vegetativos, tais como a altura (cm), o número de ramos frutíferos, a altura do início do primeiro ramo frutífero (hs), o número total de cápsulas, o número de cápsulas abertas, os órgãos frutíferos caídos, o tipo de ramificação, etc., foram tidos em conta.
Todas as descrições, contagens e medições foram efectuadas de acordo com métodos geralmente aceites. Para caraterizar a variabilidade dos órgãos generativos, foram selecionadas duas cápsulas de cada um dos primeiros lugares do 3º e 4º ramos frutíferos. A colheita foi individual para todas as plantas descritas.

Os resultados das observações de campo e das análises laboratoriais foram submetidos a tratamento estatístico: valores médios de cada caraterística (X), erro do valor médio (± m), limites de variabilidade das caraterísticas, coeficiente de variação (C v) e dispersão (∂). O número de lóbulos numa cápsula, o número de sementes, o peso da fibra, as sementes e uma cápsula, o rendimento e o comprimento da fibra foram determinados em condições laboratoriais. Juntamente com o estudo da variabilidade de todas as caraterísticas, foi avaliada a sua correlação (r).

Após o tratamento dos resultados das medições e observações, foram identificadas três zonas de variabilidade para cada caraterística: as próximas do valor médio (M±m) e as que se situam a mais de dois desvios-padrão à direita e à esquerda do centro de distribuição. As plantas que se encontravam na zona central para a maioria das caraterísticas foram incluídas no grupo convencionalmente designado por "Mo" ("fenótipo médio"); as plantas que se encontravam na parte direita - "M+"; as plantas que se encontravam na parte extrema esquerda - "M".

Para testar as plantas descendentes do primeiro e segundo lugares do 3º e 4º simpódio de cada arbusto, foram retiradas duas caixas e as sementes nelas contidas foram semeadas na primavera de 2008 na mesma parcela onde a geração anterior foi cultivada, ou seja, as condições experimentais foram igualadas na continuação da experiência. O esquema de sementeira foi o mesmo que no ano anterior. As sementes de controlo das plantas de produção foram semeadas em parcelas entre os grupos comparados. A germinação das sementes foi determinada no campo.

A relação entre as caraterísticas foi representada sob a forma de "campos" de correlação e, graficamente, sob a forma de curvas. Os valores obtidos dos coeficientes de correlação intrapares são considerados como reflectindo uma relação forte em $r > 0,7$, média em $r=0,3-0,7$ e fraca em 0,3. $< 0,3$.

Os complexos de variância foram utilizados para estimar (para cada caraterística) o grau de heterogeneidade hereditária dos grupos de plantas selecionados a partir dos dados relativos à sua descendência, através do coeficiente de correlação intraclasse (r w). Utilizámos as técnicas de análise de E.H. Ginzburg

É importante considerar que o processo de seleção modal consegue alterar a estrutura da variedade na direção desejada. Isto também se reflecte em mudanças na natureza das relações entre as caraterísticas. A seleção é realizada sobre o fenótipo "médio", o aumento da correlação no grupo de plantas correspondente indica claramente a eficácia da seleção

modal, formando uma planta com um novo fenótipo mais ótimo. A expressão externa de qualquer caraterística depende tanto do ambiente quanto do genótipo, e mesmo estimativas mínimas da contribuição da hereditariedade na determinação da diversidade da população de algodão pelas peculiaridades da estrutura dos órgãos vegetativos indicam a importância dessa contribuição (Tabela 17).

De acordo com os dados do quadro, podemos avaliar a correlação entre as caraterísticas da população de variedades de algodão e a sua heterogeneidade. Por conseguinte, há razões para esperar certos efeitos da seleção de acordo com o esquema proposto.

Quadro 17

Coeficientes de correlação intraclasse (rw) no grupo de plantas derivadas do processo de seleção modal

Número atributo	X	Se	Smr	S a	r w	F*
1	123,36	443,67	1714,04	100,74	0,185	3,86
2	19,15	11,12	51,37	3,18	0,221	4,58
3	19,93	7,70	48,89	3,27	0,300	6,35
4	104,58	492,39	1489,07	79,07	0,138	3,02
5	5,20	0,42	3,10	0,21	0,335	7,35
6	65,07	621,71	3253,89	208,74	0,251	5,23
7	5,15	0,81	4,96	0,33	0,289	6,14
8	335,72	19137,37	84408,46	5176,46	0,210	4,41
9	6,66	0,35	1,14	0,06	0,131	2,89
10	23,05	105,36	468,07	28,77	0,214	4,44
11	17,60	60,38	318,80	20,49	0,254	5,28
12	77,71	293,75	649,99	28,25	0,087	2,21
13	23,47	75,27	371,85	23,52	0,238	4,93
14	51,17	44,29	142,64	7,80	0,150	3,22
15	2,06	0,49	1,25	0,06	0,108	2,53
16	18,85	24,44	61,51	2,94	0,107	2,52
17	63,37	494,65	1239,37	59,05	0,107	2,51

*Estatisticamente, em todas as comparações, as razões de Fisher (F) para os 17 traços são significativas a níveis de $P \geq 0,001$.

Os dados do quadro mostram que a seleção modal permitiu obter uma população de algodão que praticamente não é inferior ao grupo de controlo em termos de caraterísticas comparáveis de valor económico. O grupo modal caracteriza-se por uma germinação mais precoce e mais favorável, não só em comparação com as plantas obtidas por seleção direcional, mas também em comparação com o grupo de controlo. A germinação no controlo foi de 93,3%, no subgrupo M - 96,6; Mo-98,0; M+ - 92,5%

Quadro 18

Comparação dos grupos de plantas obtidos pelos métodos modal e de seleção direcional, em termos de precocidade

Grupo e subgrupo	Âmbito de aplicação da amostra,	Germinação no campo	Número de dias a partir de sementeira antes do	Altura de assentamento primeiro fruto	Número de cápsulas abertas a 15.X.%	Proporção de plantas 100% divulgado caixas, %
Controlo 2008 г.	174	82,1±2,9	137,2±1,6	6,64±0,08	70,0±3,5	16,1±2,6
M_grupo	166	80,3±3,1	133,9±1,7	6,25±0,06	83,3±2,9	37,3±3,4
Moe	357	85,8±1,9	133,6±0,9	6,60±0,04	77,7±2,2	19,3±1,7
M+	213	80,3±2,8	139,6±1,3	6,96±0,05	47,7±3,4	5,2±2,1
Controlo 2009 г.	152	93,3±2,1	140,4±1,5	6,95±0,10	88,4±2,6	27,0±1,6
M_sub-. grupo	114	96,6±1,6	132,0±2,1	6,39±0,09	97,8±1,3	78,9±1,6
Moe	644	98,0±0,5	134,7±0,5	6,68±0,04	93,6±0,9	63,2±0,9
M+	130	92,5±2,2	142,9±1,7	7,05±0,05	87,8±2,8	28,5±1,8

Ao mesmo tempo, se compararmos o grupo Mo com o controlo por uma caraterística como a proporção de plantas com 100% de cápsulas abertas, veremos a sua vantagem óbvia: até 15 de outubro, o controlo tinha apenas 27% de plantas com cápsulas totalmente abertas, enquanto no grupo Mo - 63,2% (Quadro 18). Pode ver-se no quadro que a seleção levou a uma diminuição significativa da queda de frutos no grupo Mo e no subgrupo Mo.

A seleção modal resultou igualmente numa divergência acentuada entre as populações comparadas, também na resistência à murchidão, determinada no final do período vegetativo, utilizando um corte oblíquo no colo da raiz. O grau de danos foi avaliado numa escala de três pontos (quadro 19).

As plantas obtidas no processo de seleção modal revelaram-se mais tolerantes à murchidão. Este efeito é especialmente pronunciado em F2.

Assim, o grupo modal é superior ou, pelo menos, não é pior do que a população de controlo em termos de traços de valor económico que caracterizam a produtividade da planta, a resistência à bifurcação e a aptidão para a colheita mecanizada. A mesma tendência é evidente quando se comparam os subgrupos Mo, M+ e M-. Estes resultados são coerentes com as ideias gerais sobre a otimização do fenótipo "médio" na população e a eficácia da seleção modal na produção de algodão.

Quadro 19

Grau de infestação de murchidão em grupos de algodão obtidos por seleção direcional e modal

Grupo e subgrupo	Âmbito de aplicação da amostra, ex.	Número de plantas doentes por 10.X, %			
		ligeiramente afetado	média afetada	fortemente po-ferido	total
Inicial material (20 anos).	180	8,88	2,77	2,22	13,38±2,5
Controlo	174	7,47	4,02	2,29	13,80±2,6
20 г.	166	10,84	6,02	-	16,86±3,0
M_grupo	357	5,32	1,68	2,24	9,20±1,5
Moe	213	4,22	7,51	2,34	14,10±2,4

M+ Controlo 20 r.	152	3,28	4,60	2,63	10,90±2,4
M_sub-.	114	7,89	0,87	-	8,76±2,7
grupo	644	2,01	1,55	-	3,56±0,8
Moe M+	139	5,38	2,30	10,76	18,64±3,4

Para o efeito, é conveniente melhorar a tecnologia de rejeição, que, com menos mão de obra, apresenta indicadores tecnológicos mais elevados.

.4.5 Estudo dos métodos de seleção modal das plantas.

O desenvolvimento e a multiplicação de variedades de algodão novas e libertadas em explorações de sementes de elite são efectuados por seleção individual com subsequente teste de descendência. Este método é bastante adequado para variedades varietalmente puras com uma heterogeneidade populacional já estabelecida em maior ou menor grau.

Mas as linhas modernas de cultivo de algodão estão a ficar principalmente com base na hibridação distante, utilizando dadores de várias espécies, o que leva à obtenção de híbridos complexos com uma divisão duradoura numa série de caraterísticas morfológicas e economicamente valiosas. Por conseguinte, os métodos utilizados no trabalho de seleção de sementes de elite nem sempre permitem resolver rapidamente o problema da estabilização do novo material de reprodução obtido no complexo de caraterísticas, especialmente porque a utilização da seleção dirigida em várias caraterísticas, sem ter em conta as restantes, na presença de correlação negativa conduz inevitavelmente ao enfraquecimento ou deterioração de outras importantes para as qualidades da variedade.

Comparámos o método de seleção por correlação de caraterísticas, utilizado em variedades de algodão libertadas e, em variedades de pré-propagação, em combinação com a seleção estabilizadora (modal) no complexo de caraterísticas do habitus do arbusto. O objetivo era identificar uma forma de fazer com que uma nova variedade (linha de reprodução) cumprisse mais rapidamente os requisitos da norma de elite.

A experiência foi efectuada pela primeira vez em 2008. O material de origem foi constituído por 240 selecções individuais da nova variedade Sultan. No primeiro ano, 50,4% das famílias foram eliminadas devido à atipicidade, o que indica uma elevada heterogeneidade do material de origem da variedade.

Em 2009-2011, foram semeados três viveiros adjacentes na origem: 1- viveiro de famílias iniciais - (I); 2- viveiro - metodologia de controlo (A); 3- viveiro - metodologia de seleção modal (B).

Todas as actividades de produção de sementes foram realizadas em conformidade com a "Instrução sobre a produção de sementes de elite e de primeira reprodução de variedades de algodão zonadas" e a "Instrução sobre a multiplicação preliminar de sementes de novas variedades de algodão".

Após a triagem no campo e a eliminação das famílias não rejeitadas das plantas atípicas no viveiro modal, todas as plantas restantes foram descritas de acordo com os caracteres quantitativos do habitus arbustivo, tendo em conta: a) altura da planta, b) altura do primeiro simpódio, c) número de ramos frutíferos, d) número total de cápsulas, e) número de cápsulas abertas. De acordo com os dados obtidos, foram compiladas séries de variação e foi determinada a variante média da caraterística. As famílias e as plantas nelas incluídas, cujos dados médios correspondiam a três dos cinco traços de habitus arbustivo enumerados, foram selecionadas para reprodução posterior pelo método de seleção modal. Para as caraterísticas de valor económico, de acordo com os resultados dos testes laboratoriais, foram selecionadas famílias e selecções individuais nelas contidas que também correspondiam à média das séries de variação, com uma tolerância dentro do erro do duplo quadrado da experiência.

Durante os inquéritos de campo, de acordo com as regras actuais de produção de sementes de algodão, as famílias com mais de três plantas atípicas na sua composição foram excluídas da reprodução de elite e as restantes famílias foram eliminadas das plantas atípicas.

Tabela 20

Resultados dos rastreios de campo por viveiro
métodos de investigação

Ano de experiência	Metodologia selecções	Volume do campo casamentos por não tipicidade, %	Volume do campo limpeza de esgotos de plantas não tropicais, unidades/família
2009	И	29,4	0,9
	А	29,8	0,4
	Б	21,2	0,9
2010	И	43,1	1,8
	А	40,4	1,6
	Б	31,5	1,5
2011	И	48,0	1,6
	А	21,1	1,3
	Б	19,3	1,3

Como se pode ver nos dados acima (Quadro 20), o volume de rejeição no campo das famílias de seleção modal foi anualmente menor em comparação com o controlo e a homogeneidade fenotípica da população estabilizou mais rapidamente. Aparentemente, a descrição das plantas por caraterísticas quantitativas do habitus arbustivo contribui para uma deteção adicional de plantas heterozigóticas e para uma purificação mais rápida das variedades a partir delas, em comparação com a técnica de seleção de materiais de elite por correlação de caraterísticas. No material de ambos os métodos, é frequente encontrar plantas com um rendimento de algodão bruto superior a 100 g, mas que, de resto, são morfologicamente indistinguíveis do tipo principal de variedade. De acordo com o método de seleção por correlação de caraterísticas, essas plantas são "as melhores" e não estão sujeitas a rejeição, ao passo que, de acordo com o método de seleção modal, são rejeitadas para reprodução posterior.

Quando estas plantas com heterose no rendimento foram semeadas em 2009-2010 numa experiência separada (quadro 20), a separação dos caracteres morfológicos na primeira e na segunda descendência foi significativamente reduzida, tendo surgido vários biótipos novos na segunda descendência.

As plantas heteróticas do método modal na primeira descendência não deram origem a formas atípicas para a variedade, e na segunda descendência o seu número foi insignificante. Por conseguinte, a seleção das "melhores" plantas de uma nova variedade, cuja pureza varietal não foi testada de forma fiável, envolve parcialmente a heterose, dividindo as formas na reprodução posterior, o que impede a estabilização da variedade em termos de caraterísticas morfológicas.

No processo de refinamento do material de ambas as técnicas em termos de pureza varietal, observou-se alguma diferença entre as plantas em termos de caraterísticas quantitativas: as plantas do viveiro de seleção modal tinham constantemente mais 1-2 ramos frutíferos e, consequentemente, um número ligeiramente superior de cápsulas com maior precocidade, o que, com um peso relativamente igual da cápsula, com uma diferença de 0,1-0,2 g, acaba por proporcionar um rendimento excessivo do material da técnica modal em relação ao controlo.

Quadro 21

Divisão da descendência de plantas heterose morfologicamente

Ano de experiência	Metodologia selecções	Número de famílias	Geral quantidade	Incluindo. típico. grau,%	Formulários_rejeitados__ pequeno.:grande.:grande.:pequeno.:grande.:pequeno. kor-k:kor,:kor.:kor.:kor.:kor.:kor.:kor. 1.5tipo:1.5tipo : 1 tipo :1 tipo : II tipo	Outros
2009 - 1ª geração	Controlo Modal	34 26	1643 1166	59,8 100,0	31,9 3,3 0,9 3,5 0,3 0 0 0 0 0	0,3 0
2010 - II geração	Controlo modal	128 49	3885 1442	56,4 99,7	18,8 5,8 2,2 4,3 1,3 0 0,1 0 0 0,2	11,2 0

De acordo com os dados dos primeiros três anos de ensaios (Quadro 22), o rendimento médio de algodão em caroço bruto das famílias no viveiro do método de seleção modal foi ligeiramente inferior ao das famílias iniciais e das famílias do método de controlo. Este fenómeno pode ser explicado pela presença de um número bastante elevado de plantas heterozigóticas nos viveiros das famílias iniciais e do controlo, que não são detectadas durante as observações de campo, mas que, sendo heterozigóticas, dão origem a descendência dividida na reprodução posterior. Esta posição é confirmada pela presença de um maior número de plantas atípicas da variedade nas famílias iniciais (I) e nas famílias do método de controlo (A) do que nas famílias do método modal (B). Além disso, há que ter em conta que o peso individual do algodão cru (e das sementes) das selecções individuais de melhor fenótipo do método de controlo foi anualmente 1,5-1,8 vezes superior ao das selecções individuais modais, o que afectou inevitavelmente a densidade do povoamento e, em última análise, o rendimento das famílias em viveiro.

Quadro 22

Rendimento do algodão em bruto

Ano de experiência	Variante técnicas	N	X	S	V	Sx	Sx%
2009	И	101	38,8	8,8	22,6	0,9	2,2
	А	73	39,3	8,8	22,4	1,0	2,5
	Б	81	37,2	8,7	23,3	1,0	2,7
2010	И	181	21,8	4,2	19,3	0,3	1,4
	А	52	21,0	5,3	25,2	0,8	3,8
	Б	61	21,0	4,9	23,3	0,6	2,9
2011	И	178	30,0	6,1	20,3	0,5	0,7
	А	90	29,0	6,7	23,1	0,7	2,4
	Б	92	26,0	6,1	23,5	0,6	2,3

Ao mesmo tempo, os resultados dos testes de amostras de elite de diferentes anos de produção (quadro 23) permitem-nos afirmar que uma densidade de plantas pelo menos igual nos viveiros já proporciona mais ou menos o mesmo rendimento do material em geral e das plantas individuais (valores médios) em particular.

O rendimento em fibras é uma caraterística herdada de forma estável e organicamente relacionada com outras caraterísticas de valor económico, pelo que é praticamente impossível alterar os seus indicadores sem alterar outras propriedades de valor económico da variedade.
A origem geneticamente comum dos materiais de elite de ambas as técnicas determina a sua diferença no rendimento em fibras dentro do erro de experiência (quadro 24). A correlação inversa entre o comprimento da fibra e o rendimento em fibra também determina a insignificância das diferenças no comprimento da fibra entre os materiais de ambos os métodos (quadro 25). Nos últimos dois anos, a vantagem do material da técnica modal sobre o rendimento em fibra torna-se mais evidente, muito provavelmente, não há alteração da caraterística neste material, pelo contrário, o aumento do comprimento da fibra por famílias do método de seleção por correlação de caraterísticas é afetado, o que, sem dúvida, levou a uma diminuição indesejável do rendimento por famílias.

Provavelmente, esta é mais uma confirmação da constância dos traços economicamente valiosos do material do método modal de seleção por correlação de traços com alguma subjetividade da seleção de materiais de elite em traços separados.

Quadro 23

Resultados dos testes de amostras de elite de diferentes anos de produção para 2009-2011

Ano de produção elites	Opções	Maturação. 50% dias	Sorto-waya pureza %	Colheita. 1 coleção kg/ha	Colheita. na planta.	Peso caixa.	Saída fibras %	Comprimento fibras mm
2009	И	131	95,8	52,2	77	6,6	36,2	34,3

	А	134	97,8	50,8	78	6,6	37,1	33,8
	Б	132	96,6	49,8	77	6,7	38,2	34,4
2010	И	134	90,9	44,9	76	6,6	37,6	33,9
	А	131	94,6	49,4	77	6,4	37,3	34,5
	Б	131	99,3	48,0	79	6,5	36,8	34,4
2011	И	132	93,2	46,7	73	6,5	36,6	34,0
	А	131	97,8	45,1	75	6,6	37,4	34,6
	Б	131	98,3	47,0	72	6,6	36,1	34,3

Quadro 23

Rendimento de fibras por famílias de comparáveis de metodologias de seleção de materiais de elite,%

Ano experi ências	Variante técnicas	N	X	&	V	&x	&x%
2009	И	101	34,2	1,6	4,6	0,1	0,3
	А	73	34,3	2,6	7,6	0,3	0,9
	Б	81	34,5	2,1	6,0	0,2	0,6
2010	И	181	35,7	2,4	6,7	0,2	0,6
	А	52	36,0	2,8	7,6	0,4	1,1
	Б	61	35,6	2,3	6,5	0,4	1,1
2011	И	178	32,7	1,9	5,8	0,1	0,3
	А	90	34,1	1,7	5,0	0,2	0,6
	Б	92	33,9	1,9	5,6	0,2	0,6

Quadro 24

Comprimento da fibra por família de comparação técnicas de seleção de materiais de elite, mm

Ano de	Variant	N	X	&	V	&x	&x%

experiê ncia	e técnicas						
2009	И	101	34,0	1,6	4,7	0,2	0,5
	А	73	34,0	1,2	3,5	0,1	0,2
	Б	81	34,2	1,2	3,6	0,1	0,3
2010	И	181	32,3	1,4	4,3	0,1	0,3
	А	52	32,3	1,4	4,3	0,2	0,6
	Б	61	32,5	1,4	4,3	0,2	0,6
2011	И	178	33,0	1,4	4,2	0,1	0,3
	А	90	33,2	1,3	3,9	0,1	0,3
	Б	92	33,2	1,2	3,9	0,1	0,3

§4.6 Desenvolvimento de uma metodologia para a produção de sementes de algodão originais de variedades de algodão novas e registadas

No âmbito da metodologia existente de produção de sementes de elite, os autores da variedade praticamente não participam na seleção das sementes originais. Isto leva ao facto de, em 5-6 anos, aparecerem populações da variedade. O método proposto permitirá preservar as propriedades originais da variedade durante muito tempo, reduzir o custo da produção de elite e, num curto período de tempo, aumentar acentuadamente o rendimento das sementes. Além disso, o novo método facilita o trabalho do autor para melhorar a variedade, o que pode contribuir para o alargamento do seu cultivo na produção. Ao efetuar purgas, é necessário utilizar mais plenamente os desvios de modificação na produtividade, mas ao mesmo tempo é necessário rejeitar rigidamente as alterações hereditárias, removendo as formas subdesenvolvidas, doentes e reduzidas. A utilização diferencial de diferentes métodos, tendo em conta a biologia da variedade, a simplificação racional do esquema de produção de sementes de super-elite e elite, na nossa opinião, salvará o tipo de variedade, acelerará a produção de elite, reduzirá o seu custo em 1,5-2 vezes, aumentará o fator de multiplicação das sementes. As sementes produzidas não devem ser distribuídas, mas vendidas com garantia da sua qualidade. O método proposto permitirá conservar as propriedades originais da variedade durante muito tempo, reduzir o custo de produção da elite e, num curto espaço de tempo, aumentar acentuadamente o rendimento de sementes de alta qualidade.

Quadro 25

Resultados dos rastreios de campo de um ano em viveiros utilizando a metodologia existente

Motivo da rejeição	1 Vista de campo			2-3 Visualização de campo			Total rejeitado							
	Número total de rejeições			Número total de rejeições			**Semey**		Plantas **nelas**		Plantas de famílias não		Total de plantas	
	número	**por cento**	Crescer em **famílias não**	número	**por cento**	Crescer em **famílias não**	**quantidade**	**por cento**	**quantidade**	**por cento**	**quantidade**	**por cento**	**quantidade**	**por cento**
Por **atipicidade**	**231**	23,1	**751**	**5**	0,5	.	**236**	23,6	**7400**	21,5	**751**	2,2	**8151**	23,6
Incluindo **a**	-	-	**28**	-	-	-	-	-	-	-	**28**	0,08	**28**	0,08
Derrotabilidade:	-	-	-	-	-	-	-	-	-	-	-	-	-	-
Wiltom	-	-	**11**	-	-	- 7	-	-	'	-	**18**	0,05	**18**	0,05
pragas	-	-	**1608**	-	-	-	-	-	-	-	**1608**	4,7	**1608**	4,7
Desbaste	**29**	2,9	-	-	-	-	**29**	2,9	**478**	1,4	-	-	**478**	1,4
Sobre a **secagem**	-	-	-	**21**	2,1	-	**21**	2,1	**632**	1,8	-	-	**632**	1,8
Maturidade tardia	-	-	-	**78**	7,8	-	**78**	7,8	**1909**	5,5	-	-	**1909**	5,5
Por baixo	-	-	-	**55**	5,5	-	**55**	5,5	**1413**	4,1	-	-	**1413**	4,1
TAMBÉM:	**260**	26,0	**2398**	**159**	15,9	7	**419**	41,9	**11832**	34,3	**2405**	7,0	**14237**	41,6

Quadro 26

Resultados das observações de campo do berçário de 2 anos segundo a metodologia atual

Motivo da **rejeição**	1 **Vista** de campo			2-3 **Visualização de campo**			Total **rejeitado**							
	Número total **de rejeições**			Número total **de rejeições**			**Semey**		Plantas **nelas**		Plantas de **famílias não**		Total de **plantas**	
	famílias	**por cento**	Crescer em **famílias não**	famílias	**por cento**	Crescer em **famílias não domésticas**	**quantidade**	**por cento**	**quantidade**	**por cento**	**quantidade**	**por cento**	**quantidade**	**por cento**
Por **atipicidade**	**101**	22,4	**928**	**3**	0,7	-	**104**	23,1	**18552**	22,1	**928**	1,1	**19480**	23,3
Incluindo **a**	-	-	**43**	-	-	-	-	-	-	-	**43**	0,05	**43**	0,05
Derrotabilidade:	-	-	-	-	-	-	-	-	--	-	-	-	-	-
Wiltom	-	-	**10**	-	-	2,6	-	-	-	-	**36**	0,04	**36**	0,04-
pragas	-	-	**4666**	-	-	-	-	-	-	-	**4666**	5,6	**4666**	5,6
Desbaste	**20**	4,4	-	-	-	-	**20**	4,4	**2457**	2,9	-	-	**2457**	2,9
Sobre a **secagem**	-	-	-	**18**	4,0	-	**18**	4,0	**3067**	3,7	-	-	**3067**	3,7
Maturidade tardia	-	-	-	**23**	5,1	-	**23**	5,1	**3786**	4,5	-	-	**3786**	4,5
Por baixo **rendimento**	-	-	-	**17**	3,8	-	**17**	3,8	**2883**	3,4	-	-	**2883**	3,4
TAMBÉM:	**1217**	26,9	**5647**	**61**	13,6	**26**	**182**	40,4	**30745**	36,7	**5673**	6,8	**36418**	43,5

De acordo com o método proposto, os custos de sementeira serão reduzidos em três vezes, a avaliação laboratorial é efectuada uma vez em cada 5 anos e não há necessidade de preparar o ensacamento anual. No viveiro original, segundo o método proposto, foram efectuadas 6 purificações e no viveiro de sementes 4. Os resultados são apresentados nos quadros.

Tabela 27

Dados sobre as varreduras no viveiro original utilizando a metodologia proposta

Motivo da rejeição	Data da limpeza						Total de plantas rejeitadas	
	15.06	6.07	25.07	15.08	15.09	7.10	peça	%
Por atipicidade	-	5	12	161	74	17	269	3,9
Esterilidade	-	-	-	2	8	3	13	0,2
Inevitabilidade: murchar	-	1	3	9	14	46	73	1,1
Pragas	15	210	7	11	-	-	243	3,5
TOTAL:	15	216	22	183	96	66	598	8,7

Tabela 28

Dados de limpeza de viveiros de sementes utilizando a metodologia proposta

Motivo da rejeição	Data da limpeza				Total de plantas rejeitadas	
	16.06	27.07	26.09	8.10	peça	%
Por atipicidade	-	9	198	73	280	2,8
Esterilidade	-	-	5	11	16	0,1
Inevitabilidade: murchar	-	2	42	57	101	1,0
Pragas	42	698	4	-	744	7,5
TOTAL:	42	709	249	141	1141	11,4

Estes estudos permitem concluir que, nas condições de uma economia de mercado, só através da introdução de uma nova metodologia, sem aumentar os custos de produção, se verificará um aumento do coeficiente de multiplicação das sementes, o que contribuirá para a redução do número de multiplicações de sementes, conduzirá a uma redução do número de explorações de sementes de elite, reduzindo o custo de preparação das sementes de super-elite e de elite. E o mais importante é que o autor da variedade pode controlar a circulação das sementes desde o início da reprodução, o que lhe permitirá estipular as suas exigências em matéria de remuneração pela utilização dos resultados da reprodução aquando da elaboração de um contrato de licença com o produtor de sementes.

A remuneração só pode ser paga se as sementes cumprirem os requisitos das normas. Com base na nossa investigação, desenvolvemos uma metodologia para a produção de sementes originais de variedades de algodão novas e registadas.

§4.7 Estudo da homogeneidade genética e fenotípica no alinhamento varietal

A indústria do algodão da República está a desenvolver-se ativamente e é um dos principais elos da economia, ocupando o sexto lugar no mundo em termos de produção de fibras de algodão. Por conseguinte, o estudo sistemático das condições do mercado mundial e nacional do algodão e o desenvolvimento de propostas para a atribuição racional de variedades de algodão são muito relevantes.

A eficiência da renovação varietal na colocação de variedades depende principalmente do nível de produção de sementes de elite, ou seja, da organização da produção primária de sementes, que inclui os primeiros elos que precedem o cultivo (multiplicação) de sementes de super-elite, que inclui a seleção do material de origem, a sua avaliação e multiplicação. A qualidade dos produtos de algodão e o potencial de rendimento das reproduções de super-elite, elite e subsequentes são equivalentes e não diminuem no processo de reprodução ao abrigo do regime de renovação varietal de 5 anos.

A deterioração de uma variedade é o processo de redução das suas qualidades económicas e biológicas com base na variabilidade hereditária devido à divisão, ao aparecimento de mutações, à contaminação mecânica e biológica e à redução da resistência às doenças transmitidas pelas sementes.

O cultivo de variedades em condições agronómicas pouco favoráveis é frequentemente citado como uma das razões da degenerescência das variedades. Mas não podemos concordar com isso. A baixa agrotecnia em si, assim como qualquer outra influência externa, não pode causar uma deterioração adequada da hereditariedade. Mas sob condições agronómicas baixas são criadas condições desfavoráveis para a formação de sementeiras e qualidades físicas das sementes, e quando se semeia com tais sementes as qualidades hereditárias da variedade não podem ser plenamente realizadas.

A obtenção de sementes puras é um problema que envolve não só as caraterísticas varietais, os métodos de seleção e de produção de sementes e a influência de várias condições de desenvolvimento, mas também as precauções necessárias durante a colheita, o descaroçamento e a transferência de sementes. Por conseguinte, a colocação racional de variedades contribui para satisfazer a procura de fibras de algodão no mercado mundial com a qualidade exigida e permite organizar o trabalho de produção de sementes a um nível elevado.

A variedade de algodão em processo de reprodução deve ter índices estáveis de caraterísticas economicamente valiosas e preservar a homogeneidade das caraterísticas morfológicas.

Nas culturas de sementes de elite de variedades de algodão libertadas, para além de impurezas biológicas e mecânicas óbvias, encontram-se plantas que se desviam da descrição da variedade apenas por caraterísticas morfológicas individuais. A diferença fenotípica das plantas depende da agro-técnica, da zona de cultivo, das condições do ano e do património genético criado pelos biótipos da variedade. Dependendo dos biótipos predominantes numa variedade, os materiais de elite num viveiro podem ser diferentes. Ao rejeitar as plantas atípicas nos viveiros, não se consegue uma homogeneidade completa dos traços morfológicos das plantas; as famílias típicas e as plantas atípicas têm de ser selecionadas e rejeitadas todos os anos. Neste caso, não é utilizada toda a variabilidade genética da população, mas apenas uma parte dos genótipos e a heterogeneidade inicial da população é alterada, a sua capacidade competitiva é reduzida e a eficiência da seleção de material de elite em viveiros é reduzida. Por outro lado, a contaminação biológica de uma variedade leva à sua degeneração. Desde 2009, começámos a estudar a avaliação comparativa da eficiência da seleção individual em diferentes variedades de algodão libertadas, com base no exemplo das variedades An-Bayaut 2 e C-6524.

A fim de determinar a diversidade genética dos materiais de elite, foram determinadas as dispersões genéticas, os coeficientes de variabilidade genética e fenotípica e o coeficiente de hereditariedade das caraterísticas. A experiência foi realizada pela primeira vez desde 2009, tendo sido utilizadas como material inicial amostras médias de sementes de viveiros da variedade C-6524 na exploração de elite de Chinaz e da variedade An-Bayaut 2 na exploração de elite de Gulistan. O ensaio do ano em apreço foi realizado em seis repetições numa parcela de 100 m, com aleatorização das variantes da experiência nas repetições. Em todas as repetições foi efectuada a descrição das caraterísticas morfológicas de cada planta, tendo o número de formas desviantes sido determinado de acordo com as caraterísticas das variedades acima referidas. Foram recolhidas selecções individuais de plantas de cada fenótipo típico da variedade e desviadas por caraterísticas morfológicas para as verificar através da descendência. Os dados obtidos para cada caraterística em cada viveiro separadamente foram processados por análise de variância. Depois de comprovada a significância das diferenças variantes, foram determinados os seguintes parâmetros genéticos e estatísticos através do critério F:

1. O coeficiente de variabilidade genética:

V g = ------- 100%

em que: g - variância genética de /variância/

x - média aritmética para o dado

confissão:

A variância genética / 8 g/ foi determinada pela fórmula:

Onde: - dispersão das famílias

- variância aleatória

r - número de repetições

2. Coeficiente de variabilidade fenotípica

%= -------- 100%

3. O coeficiente de hereditariedade /H / foi determinado pelo rácio entre a variância genética da população / / e a variância fenotípica total

Foram identificados um total de oito fenótipos, sete dos quais foram classificados da seguinte forma
para os rejeitados:

1. O Bayaut 2 é um arbusto típico. O caule e os ramos frutíferos são pubescentes, enquanto na variedade C-6524 o caule e os ramos frutíferos são ligeiramente pubescentes; ambas as variedades apresentam um bronzeado antocianino no outono. A variedade An-Bayaut 2 tem 2 ramos frutíferos do tipo semi-segundo ramo e a variedade C-6524 do tipo semi-segundo ramo:

A An-Bayout 2 tem uma cápsula ovoide arredondada com uma superfície lisa, enquanto a C-6524 tem uma cápsula ovoide alongada.
As folhas de ambas as variedades são de tamanho médio, com 3-5 lóbulos.

2. Plantas de propagação
3. Caule delgado, cápsula alongada
4. Ramos de frutos do primeiro tipo, cápsula arredondada
5. Arbusto compacto
6. A caixa é leve e arredondada
7. A caixa é grande
8. Ramos finos, a cápsula é arredondada. As plantas estéreis, de um modo geral, foram classificadas como não tropicais.

Em cada viveiro, foram analisadas 1081 a 1158 plantas, tendo sido identificadas as formas típicas e as desviantes. Em cada repetição da experiência, foram selecionadas 10 plantas de cada fenótipo entre as plantas típicas e as desviantes.

A colheita das plantas selecionadas foi recolhida separadamente.

A distribuição das plantas de viveiro por fenótipos é apresentada no quadro. Como se pode ver a partir dos dados acima - em ambas as variedades de algodão testadas, o maior número de plantas típicas para todos os traços morfológicos (o menor número de fenótipos desviados) encontrava-se nas populações isoladas no viveiro de sementes do segundo ano, ou seja, na cultura de multiplicação de sementes.

O número mais elevado de fenótipos rejeitados, também em ambas as variedades de algodão, verificou-se na população selecionada no viveiro de sementes do primeiro ano, correspondendo no campo ao material de elite do viveiro. Isto confirma a posição teórica de aumentar a pureza varietal dos materiais de variedades de elite na fase final da produção de elite e mostra a inaceitabilidade da aquisição de selecções individuais no viveiro do segundo ano, onde, de facto, as selecções individuais são adquiridas em explorações de elite.

Como se pode ver nos dados, o coeficiente de variabilidade genética e fenotípica de ambos os caracteres em An-Bayaut 2 é várias vezes superior, e o coeficiente de variabilidade genética do peso da cápsula é muitas vezes superior ao da variedade C-6524. Consequentemente, apesar da homogeneidade fenotípica próxima das variedades testadas nos caracteres morfológicos, estas diferem significativamente. Em termos de variabilidade de caraterísticas economicamente valiosas, em particular, o peso do algodão em bruto e o peso da cápsula das selecções individuais.

A maior variabilidade genotípica de caraterísticas de valor económico das plantas da variedade An-Bayaut 2 causou uma maior herança teórica /H / de ambas as caraterísticas em comparação com a variedade C-6524. A análise de variância para os dados de rendimento total é apresentada no Quadro 3. 3, que mostra que na variedade C-6524 as diferenças na variabilidade das caraterísticas entre viveiros foram menos significativas, enquanto que na variedade An-Bayaut 2 os critérios foram efetivamente inferiores ao nível de significância teórico de 0,010 e 0,032. Assim, estes dados indicam uma maior homogeneidade das plantas típicas da variedade C-6524 em relação à produtividade da An-Bayaut 2.

Os coeficientes de variabilidade mais elevados da variedade An-Bayaut 2 registam-se no viveiro do primeiro ano e os mais baixos no viveiro de reprodução. Devido à menor homogeneidade das plantas da variedade An-Bayaut 2 em termos de produtividade, a variabilidade desta caraterística de ano para ano (nos viveiros) é fortemente reduzida, enquanto a variabilidade da produtividade das plantas típicas nos viveiros é muito mais estável na variedade C-6524.

Para o viveiro do primeiro ano, variedade An-Bayaut 2, o coeficiente de variabilidade genética das plantas típicas / =1363,2/. É superior ao das plantas desviadas / = 889,1/. Em viveiro do segundo ano, pelo contrário, as plantas desviadas / = 1043,2 / são mais numerosas do que as plantas típicas / = 812,1 /. Em viveiro de criação de plantas típicas / = 635,1 / mais do que plantas desviadas / = 165,7 /. A diferença entre os coeficientes de variabilidade fenotípica. Plantas típicas / = 46,4 / e desviadas / = 44,9 / do viveiro de ensaios familiares do segundo ano Plantas desviadas / = 50,6 / é superior às típicas / = 36,1 /. No viveiro de reprodução

de plantas típicas, / = 30,6 / mais do que a de plantas anómalas / = 21,4 /. Está provado que os coeficientes de variabilidade fenotípica nem sempre reflectem a homogeneidade genética das variedades, o que reduz a fiabilidade da avaliação das diferenças geneticamente determinadas entre materiais de elite e a eficiência da seleção. Os coeficientes de hereditariedade H das plantas típicas nos viveiros de ensaio familiar de segundo e primeiro ano e no viveiro de propagação foram de 0,05; 0,044; 0,54, respetivamente, enquanto os de H anómalos foram de 0,030; 0,010; 0,032, respetivamente.

No viveiro do ensaio de famílias do primeiro ano, o coeficiente de variabilidade genética das plantas típicas / = 784,1 / é superior ao das plantas desviadas / = 724,1 / na variedade C-6524. No viveiro dos ensaios de famílias do segundo ano, verifica-se o contrário; as plantas desviadas têm / = 722,8 / mais do que as plantas típicas / = 490,7 /.

De acordo com o ensaio em viveiro de famílias do primeiro ano da variedade C-6524, o coeficiente de variabilidade fenotípica das plantas típicas / = =

48,9 / mais do que nas plantas desviadas / = 38,7 /. E em pythium-

O número de famílias do segundo ano nas plantas desviadas / = 41,6 / é superior ao das plantas típicas / = 33,8 /. No viveiro de reprodução

das instalações com desvios / = 43,3 / mais do que o das instalações típicas / = 38,1 /.

Os dados obtidos mostram a existência de grandes diferenças entre os coeficientes de variabilidade genética e fenotípica. Estes últimos não reflectem as diferenças realmente existentes entre as variedades em termos do seu grau de igualização. Não foram obtidos dados regulares sobre a herdabilidade teórica das caraterísticas / H / na experiência do ano em análise, mas deve notar-se que, com coeficientes de variabilidade elevados, a herdabilidade do rendimento é muito baixa. A baixa herdabilidade da produtividade foi constatada anteriormente por outros investigadores. Foi relatada por investigadores estrangeiros B.Christiris, J-Harrison /1959 /, N.G.Simongulyan /1970, 1974, 1975 / e outros. A baixa herdabilidade da produtividade é explicada pela elevada variabilidade paratípica desta caraterística. Ao mesmo tempo, chama-se a atenção para o crescimento regular da população média / x / produtividade de plantas típicas em ambas as variedades, especialmente na C-6524, durante os anos de reprodução de elite. Ao mesmo tempo, nas plantas desviadas de ambas as variedades, a produtividade média da população de plantas também diminuiu naturalmente ao longo dos anos de reprodução de elite. Os principais requisitos que as variedades devem satisfazer são um elevado grau de adaptação às condições da área de cultivo a que se destinam, parâmetros específicos de produtividade, qualidade, resistência a stresses abióticos e bióticos, estabilidade dos rendimentos em condições hidrométricas instáveis.

CAPÍTULO V. MÉTODO DE CONSANGUINIDADE PARA A PRODUÇÃO DE SEMENTES (SELECÇÃO INDIVIDUAL COMBINADA COM AUTOPOLINIZAÇÃO) NA PRÉ-MELHORIA

§5.1 O efeito da autopolinização na pureza varietal e na longevidade da variedade

Sabe-se que as sementes são portadoras de caraterísticas biológicas e económicas das plantas e que a sua qualidade determina em grande medida o rendimento das culturas agrícolas. No processo de reprodução, devido à seleção natural intensiva, uma variedade torna-se cada vez mais adaptada às condições de crescimento locais, o que, em muitos casos, aumenta a sua vitalidade. Além disso, as condições favoráveis de crescimento (complexo agro-climático) podem causar modificações a longo prazo, que, sobrepondo-se de ano para ano, também criam pré-requisitos para melhorar as caraterísticas biológicas da variedade.

A preservação destas qualidades úteis de uma variedade no processo da sua multiplicação e utilização na produção é o principal objetivo do trabalho de produção de sementes. A solução deste problema exige o desenvolvimento de novos métodos e técnicas de produção de sementes e o aperfeiçoamento dos já existentes. Isto, por sua vez, exige um estudo cada vez mais aprofundado da natureza dos fenómenos biológicos, cuja utilização hábil predetermina a solução bem sucedida dos problemas modernos de produção de sementes.

No algodão, ao contrário de outras culturas agrícolas, a base da renovação varietal é a exploração de elite. As principais tarefas das explorações de sementes de elite são: preservação da tipicidade, das melhores caraterísticas de valor económico e das propriedades tecnológicas da fibra, produção de sementes de elite e de primeira reprodução com elevadas qualidades varietais e de sementeira necessárias para a renovação varietal. A atual Instrução sobre a produção de sementes de elite e de primeira reprodução de variedades de algodão zonadas não prevê a produção de sementes de elite tendo em conta as caraterísticas genéticas das variedades, os seus resultados de criação e seleção e a duração da produção.

Com base no conceito de degenerescência das variedades autogâmicas, sugere-se o aumento do volume de amostragem de linhas para empobrecer a hereditariedade das variedades, a realização de raspagens intensivas e de testes a longo prazo, a fim de excluir a "pior" descendência da elite. No processo de utilização, mesmo de uma variedade bem selecionada, as caraterísticas económicas e biológicas próprias da variedade diminuem gradualmente e esta deteriora-se. Isto deve-se à contaminação mecânica e biológica, à divisão e ao aumento das doenças transmitidas pelas sementes.

O processo de produção de sementes não respeita totalmente os princípios da genética, ou seja, o teste de descendência, a hereditariedade e a variabilidade de uma variedade. Os princípios de base do trabalho na produção de sementes primárias, a escala de seleção de plantas de elite para a reprodução de variedades, os métodos de avaliação e a intensidade da rejeição de linhas, os métodos especiais de manutenção das suas propriedades valiosas, bem como as caraterísticas da reprodução de variedades em culturas de autopolinização e polinização cruzada não foram totalmente desenvolvidos.

Como se desenvolve a vida de uma variedade após a sua libertação, quanto tempo dura, e que factores determinam a vida de uma variedade e se esta pode ser prolongada? Analisamos estas questões com base no exemplo da organização da renovação de variedades de algodão em explorações de sementes de elite.

A produção de sementes de elite exige uma abordagem criativa quotidiana. O elitista, tal como um criador, revê sistematicamente as culturas, selecionando as plantas e as famílias mais típicas com base na descrição do autor, tendo em conta as condições da estação e da cultura. A seleção das sementes exige conhecimentos de genética - a ciência da hereditariedade e da variabilidade das plantas - e a comparação das séries de variação exige bons conhecimentos de estatística.

Muitos gestores de explorações de elite conhecem bem todo o ciclo de reprodução das sementes de elite: desde a seleção individual até à multiplicação das sementes. Mas, infelizmente, uma parte significativa dos especialistas das explorações de sementes de elite tem um conhecimento deficiente da metodologia do trabalho de elite, cometendo erros significativos na rejeição e seleção de material de elite.

As instituições de melhoramento efectuam frequentemente um trabalho de melhoramento muito eficaz e intensivo, mas, devido à falta de instalações suficientes, fazem um trabalho deficiente de melhoramento e multiplicação de variedades e linhas. A transferência para as explorações de elite de variedades claramente subdesenvolvidas e mesmo de misturas biológicas é a razão da baixa pureza varietal. Em alguns casos, os obtentores de sementes têm de lidar com descrições erróneas de variedades feitas por autores, o que impede a seleção adequada de materiais de elite e a preservação dos traços das variedades. A multiplicação de novas variedades nas explorações de sementes é efectuada sem qualquer isolamento espacial. Ao mesmo tempo, o algodão também tem tendência para o cruzamento, o que significa que a mistura biológica é bastante possível. Por conseguinte, é improvável que, em tais condições, uma exploração de sementes possa aperfeiçoar uma variedade e fazer com que a sua pureza varietal cumpra os requisitos da norma. A descendência de plantas híbridas produz um grande número de indivíduos de qualidade inferior, o que leva a uma degradação notável. Neste sentido, a variedade degenera rapidamente, dependendo da dimensão da mistura efectuada.

A produção correta de sementes baseia-se na utilização de regularidades genéticas e no conhecimento da biologia das culturas e variedades cultivadas. Uma variedade na sua massa consiste em plantas que são homotípicas em termos de caraterísticas morfológicas e propriedades económicas e biológicas. A uniformidade das plantas dentro de uma variedade é criada por seleção e mantida por autopolinização em culturas autopolinizadoras. Uma variedade pode ser considerada como um sistema biológico discreto, auto-reprodutor e relativamente estável. O grau de uniformidade das plantas é determinado pela constância da forma como as plantas são polinizadas e pelo nível de variabilidade das modificações. A polinização cruzada por outras variedades e culturas elimina igualmente a estabilidade (uniformidade) das variedades de culturas de polinização cruzada e de autopolinização.

Em termos genéticos, a autopolinização leva à identificação de caraterísticas recessivas que estão latentes na planta. Isto pode ser representado esquematicamente da seguinte forma. Se imaginarmos condicionalmente que, como resultado da polinização cruzada, a planta recebeu adicionalmente alguns genes recessivos, então, durante 3-4 anos de autopolinização (dependendo do grau de heterogeneidade das formas iniciais), estes recessivos alienígenas devem manifestar-se facilmente sob a forma de traços que não são peculiares a este tipo de plantas. A autopolinização posterior leva à estabilidade dos traços genéticos caraterísticos da variedade ou forma.

Os cultivadores de produtos hortícolas na América do Norte preferem a seleção em linhas puras à seleção na população heterozigótica inicial ou nas primeiras gerações de híbridos. É de notar que a teoria das linhas puras de Johansen desempenhou um papel notável no desenvolvimento de muitas afirmações teóricas da genética, mas a sua aplicação na reprodução é frequentemente sobrestimada. Os criadores europeus prestam menos atenção ao método do pedigree do que os criadores americanos, embora estes últimos também tenham começado a aperceber-se de que uma "linha pura" (segundo Johansen), totalmente homozigótica, não pode ser obtida mesmo como resultado de uma longa consanguinidade. A eficiência da autopolinização foi salientada por N.I. Vavilov, que orientou diretamente a utilização da autopolinização na criação de autopolinizadores propensos ao cruzamento. As variedades industriais de algodão, em termos de produtividade, não sofrem de depressão endogâmica mesmo com polinização forçada muito profunda. Muitas linhas não só não são inferiores, como também ultrapassam a elite em termos de produtividade, uma caraterística que tem não só efeitos económicos, como também económicos. Esta caraterística tem não só um valor económico, mas também um grande valor biológico e evolutivo. Em experiências de seleção que visavam uma elevada viabilidade e produtividade, não se observou qualquer efeito depressivo da autopolinização a longo prazo nas linhas puras de algodão obtidas. Através da autopolinização a longo prazo e da seleção não só para a homozigotia, mas também para uma elevada viabilidade e produtividade, obtiveram linhas em que o efeito depressivo da autopolinização a longo prazo estava ausente. Este último pode ser explicado, aparentemente, pelo facto de o grau de auto-compatibilidade ter aumentado nestas linhas sob a influência da seleção.

Nos diferentes países produtores de algodão, a produção de sementes de algodão utiliza uma série de métodos de multiplicação e fornecimento de sementes. Um deles consiste em que, antes da transferência de sementes pelos agricultores (EUA, ARE), as plantas são autopolinizadas durante vários anos: primeiro, num viveiro de reprodução -3-5 anos; depois, no 1.º ano de multiplicação, numa parcela de 0,2 ha, é semeada a descendência das melhores 30-50 plantas autopolinizadas, cujas sementes, no 2.º ano, são utilizadas para sementeira numa área de 10 ha, onde também são tomadas todas as medidas para preservar a pureza genética do material (filas de proteção das culturas de algodão ou de milho, correspondentes à localização das parcelas, etc.); no 3.º ano, as sementes multiplicadas podem ser semeadas com 250 000 sementes de algodão ou de milho, correspondentes à localização das parcelas, etc.); no 3.etc.); no 3º ano, 250-280 ha podem ser semeados com sementes multiplicadas; no 4º ano, as áreas de produção planeadas. Estas fases estão sob o controlo estrito do obtentor-autor da variedade; embora a multiplicação posterior possa ser confiada aos agricultores, são tomadas medidas vigorosas nos anos seguintes para manter a pureza da variedade. Recomenda-se, nomeadamente, a sementeira de uma única variedade para evitar a polinização cruzada. A mono-variedade elimina igualmente a contaminação mecânica das sementes.

O principal objetivo da multiplicação de sementes é manter as caraterísticas economicamente valiosas determinadas pelo autor aquando da seleção da variedade. Ao mesmo tempo, é dada especial atenção à preservação das condições varietais da variedade, ou seja, as sementes produzidas devem cumprir os requisitos da norma em termos de pureza varietal. Com base nisto, decidimos descobrir a razão de tal discrepância e analisar o estado de pureza varietal das variedades de algodão multiplicadas.

§5.2 Causas da redução do grau de pureza

Uma das principais razões para a diminuição da pureza varietal das variedades e para a perda de qualidade das fibras de algodão é a utilização da hibridação distante no melhoramento do algodão, envolvendo formas selvagens e semi-selvagens de algodão. O afastamento dos genomas perturba o processo geral de recombinação e o equilíbrio do sistema genético, a divisão ocorre em muitos loci e a estabilização dos traços poligénicos ocorre em gerações muito tardias. Por conseguinte, as variedades e, em especial, as variedades poliplóides baseadas na hibridação distante devem ser aperfeiçoadas durante muito tempo e não devem ser introduzidas na produção até que a homogeneidade dos caracteres economicamente valiosos atinja um determinado limite. Caso contrário, a perda de qualidades valiosas da variedade é inevitável.

Há que referir ainda um outro aspeto deste problema. O melhoramento do algodão deve basear-se principalmente na autopolinização forçada, que permite obter formas homozigóticas constantes num curto espaço de tempo e mantê-las puras no futuro.

A autopolinização ajuda a identificar alelos recessivos escondidos nos heterozigotos, o que permite isolar novas formas homozigóticas para muitas caraterísticas. Considerando que a maioria das caraterísticas economicamente úteis são controladas por genes recessivos, este método é naturalmente de grande valor.

Nas suas experiências, J. Schell (1922) demonstrou que a autopolinização forçada permite eliminar muitos genes letais, reduzir a variabilidade dos caracteres (coeficiente de variação) e estabilizá-la ao mesmo nível na 5ª-6ª geração. Nos EUA, o trabalho de seleção do algodão baseia-se quase inteiramente na autopolinização forçada. É efectuado um trabalho semelhante nas primeiras fases de produção de sementes e as variedades americanas têm, em regra, um elevado nível de homogeneidade morfológica e genética. Por conseguinte, pode compreender-se a importância do grau de refinamento genético de uma nova variedade submetida à Rede Estatal de Variedades e à multiplicação.

O obtentor, ao libertar uma elite desigual, condena-a antecipadamente à degenerescência. Muitos especialistas envolvidos na produção de sementes de algodão discutem a eficácia do cruzamento intra-varietal. Sugerem também que o cruzamento intra-varietal na produção de sementes de algodão não tem um efeito positivo e sugerem que se limite à seleção direcional com controlo subsequente da descendência.

Estudos efectuados em anos diferentes, em zonas diferentes e com variedades diferentes mostram a eficácia do cruzamento intra-varietal no algodão. No entanto, a percentagem de contaminação biológica da geração subsequente de variedades em cruzamentos intra-varietais não foi estudada até à data, e ainda não há total clareza na avaliação do significado biológico da autopolinização.

Alguns criadores e cultivadores de sementes acreditam que a principal razão para a deterioração das variedades autopolinizadoras em produção é a sua autopolinização prolongada, pelo que, com cada reprodução, parecem perder progressivamente as suas qualidades produtivas. Mas, com base noutros trabalhos, é evidente que nas culturas autopolinizadoras não ocorre qualquer depressão degenerativa ou deterioração sob a influência da autopolinização.

Alguns cientistas consideram que uma variedade começa a sua vida na produção com as plantas de elite mais típicas. Sendo bem selecionada, mantém persistentemente as suas qualidades hereditárias ao longo de várias gerações.

No processo de reprodução de elite, as caraterísticas económicas e biológicas de uma variedade estão em constante mudança. Este processo está associado à divisão, ao aparecimento de mutações, à contaminação mecânica e biológica, ao aumento das doenças das plantas, etc. Devido às razões acima referidas, no cultivo a longo prazo da reprodução subsequente, ocorre a deterioração das variedades na produção. Para uma estabilização mais acelerada dos traços economicamente valiosos da linha e para aumentar a sua homogeneidade, adoptámos um método de autopolinização artificial (consanguinidade) de flores em indivíduos típicos de maturação precoce, produtivos, com alta qualidade e fibra branca, com verificação subsequente da descendência, rejeição de plantas indesejáveis e seleção em famílias de formas. No primeiro ano (2009), foram semeadas sementes de cápsulas autopolinizadas (i1) descendentes de cápsulas autopolinizadas precoces (i 2). No viveiro i 1, foram efectuados cruzamentos entre famílias para obter híbridos F 1 (i 1 x i 1) intersectados, a fim de criar posteriormente uma população varietal promissora a partir das melhores combinações. Trata-se essencialmente de cruzamento, ou seja, de polinização artificial dentro da população híbrida. O académico I.S.Varuntsyan escreveu sobre o assunto em 1970: "Em vez da consanguinidade, Andrus aconselha vivamente a aplicação generalizada da consanguinidade, a polinização cruzada dentro de uma variedade, a utilização de sibcrosses (cruzamento artificial entre plantas aparentadas da mesma origem) dentro de uma população híbrida. A mesma opinião foi defendida por D.V.Ter-Avanesyan (1973): "A criação de variedades-populações multilinhagens com genótipo equilibrado é um dos métodos promissores de seleção". Ainda antes B.Christidis e J.Harrison escreveram sobre o assunto: "Para evitar outras consequências indesejáveis da linha pura, pode-se recorrer ao cruzamento artificial em linha em vez da autopolinização". Os cruzamentos intra-lineares foram estudados por S.S.Sadykov e H.Ashurbekov (1976) que concluíram que "os híbridos inter-lineares de linhas genotipicamente diferentes mas fenotipicamente idênticas têm maior viabilidade e rendimento".

Para uma estabilização mais acelerada dos traços economicamente valiosos da linha e da variedade e para aumentar a sua homogeneidade, adoptámos o método de autopolinização artificial de flores em plantas típicas de maturação precoce, produtivas com indivíduos de alta qualidade, com controlo subsequente da descendência, rejeição de plantas indesejáveis e seleção de formas em famílias para autopolinização.

§5.3 Realização da autopolinização no algodão de fibras finas

Na nossa investigação, os híbridos inter-familiares F 1 foram comparados entre si em termos de maturidade, taxa de maturação da cápsula, tipicidade, cor e qualidade da fibra e holoseminidade. Foram selecionadas as melhores combinações entre eles, que mais tarde formaram a base do núcleo da futura variedade de reprodução. Ao mesmo tempo, foi estudada a descendência de plantas obtidas por autopolinização artificial (i 1 - i 3). Neste caso, as sementes das melhores selecções individuais foram recolhidas para posterior sementeira. Assim, o desenvolvimento de sementes de famílias de descendentes de plantas consanguíneas foi efectuado pelo método clássico - seleção de plantas individuais com verificação pela descendência. Por conseguinte, utilizámos métodos genéticos - consanguinidade e cruzamento - na formação de uma nova variedade. Desta forma, procurámos evitar a polinização cruzada, acelerar a estabilização de caraterísticas economicamente valiosas e reduzir a duração do processo de reprodução. Sabe-se que nos EUA o trabalho de melhoramento do algodão se baseia na autopolinização forçada (endogamia), o que torna as variedades americanas, em regra, morfológica e geneticamente homogéneas.

No primeiro viveiro, as sementes foram semeadas a partir de caixas em que a consanguinidade, ou seja, a descendência de plantas consanguíneas (i 1 -i 3), ou a autopolinização sistemática, tinha sido efectuada no ano anterior.

No segundo viveiro, as sementes foram semeadas a partir de caixas autopolinizadas de seleção individual (plantas) e representavam a descendência de uma, duas e três autopolinizações. O esquema de plantação foi uma parcela de 6 p/m, colocando as plantas a intervalos de 15 cm, com um espaçamento entre linhas de 60 cm. Foram tidos em conta os seguintes parâmetros: duração do período vegetativo, tamanho da cápsula, produtividade, rendimento em fibras, a sua cor e qualidade de acordo com o sistema "Spinlab". O Termez-31 foi semeado como padrão e o 9871-I foi semeado para a qualidade da fibra.

Em 2009, foram criados 2 viveiros: propagação e ensaios de variedades de estação. A superfície total dos ensaios foi de 0,57 ha. A sementeira foi efectuada manualmente a 14 de maio, ou seja, 20-25 dias mais tarde devido às anomalias climáticas desta estação. De acordo com o serviço meteorológico, mais de 120 mm de precipitação caíram em abril e nas 1-2 décadas de maio, ou seja, na altura ideal para a sementeira do algodão houve uma grande quantidade de precipitação, o que não permitiu a realização atempada de trabalhos de campo, incluindo a sementeira do algodão.

Durante o período de vegetação do algodão, foram realizadas as seguintes medidas agrotécnicas nas experiências: afrouxamento dos sulcos após a sementeira com ancinhos (quebra da crosta do solo); sachas - 3, cultivos - 4, fertilizantes minerais - 2, irrigações vegetativas - 4, perseguição do caule principal do algodão em 5 de agosto. Estas medidas agrícolas foram executadas de forma atempada e qualitativa. Apesar disso, o desenvolvimento das plantas e, sobretudo, a abertura das cápsulas sofreram um atraso significativo, especialmente em comparação com os anos anteriores. A razão para tal foi um atraso significativo nas datas de sementeira e uma acumulação algo lenta da soma das temperaturas efectivas durante todo o período vegetativo do algodão. As temperaturas diárias ligeiramente mais baixas durante a estação afectaram significativamente o abrandamento do crescimento, desenvolvimento e maturação do algodão, especialmente do algodão de fibras finas.

No entanto, a maturação precoce do material de reprodução e a perseguição atempada permitiram revelar uma parte dos elementos do fruto e concluir os trabalhos de colheita nas experiências até 25 de outubro. Os resultados da investigação para cada um dos viveiros são apresentados de seguida.

Os seguintes materiais foram propagados neste viveiro:

- em 68 linhas - sementes de cápsulas autopolinizadas (j1);
- em 204 linhas - descendentes de plantas anteriormente autopolinizadas (j2);
- em 79 linhas - selecções individuais de ensaios de variedades da estação ;
- em 95 linhas - descendência de plantas com flores do tipo cleistogâmico.

O número total de linhas da linha no viveiro é -449.

A autopolinização das flores foi efectuada em plantas típicas bem desenvolvidas, obtidas a partir de sementes de cápsulas autopolinizadas, ou nas 68 linhas de viveiro acima referidas (j2). Para além da autopolinização nestas linhas e plantas, foram efectuados cruzamentos entre as melhores famílias de uma determinada linha para obter a melhor população varietal. A hibridação foi efectuada em 28 combinações. Esta operação permite selecionar as melhores combinações. As populações varietais selecionadas tornar-se-ão a base, o núcleo da futura nova variedade de reprodução. Durante o período de colheita, foi recolhido algodão em bruto de cápsulas obtidas por autopolinização em cada família (linha). Ao mesmo tempo, foram colhidas cápsulas híbridas (F0) para cada combinação híbrida separadamente.

As restantes linhas do viveiro de seleção de linhas foram colhidas para algodão em bruto da seguinte forma:

Devido ao atraso significativo no desenvolvimento e maturação do algodão, o número de cápsulas abertas era insignificante (5-6), o que não permitia a recolha individual de cápsulas, a colheita foi efectuada de uma forma ligeiramente diferente da tradicional. Inicialmente, foram selecionadas plantas em cada família onde era possível colher cápsulas. Foram selecionadas as melhores plantas em termos de desenvolvimento, tipicidade, conjunto de elementos frutíferos, tamanho da cápsula, sem macrosporiose e sem murchidão. Destas plantas foram colhidas cápsulas completas, perfazendo 10 amostras de cápsulas. Após 2 semanas, as restantes cápsulas completas abertas foram recolhidas das mesmas plantas num único saco, ou seja, uma amostragem de massa individual. Assim, para a família selecionada, tivemos 10 amostras em caixas e sementes de algodão em bruto da recolha em massa individual. Assim, salvámos o material de semente num ano tão atípico e muito desfavorável para o algodão. O volume de material de semente recolhido para a linha de reprodução é o seguinte: cápsulas autopolinizadas - 47 sacos, 10 amostras em caixa - 206, coleção individual em massa - 628.

A consanguinidade em grande escala de flores de plantas em 313 parcelas de uma fila, ou famílias, foi continuada. As plantas típicas selecionadas foram marcadas com etiquetas antes da autopolinização. Após a abertura das cápsulas, o algodão cru (autopolinizado) foi recolhido num saco de linha. Foi recolhido um total de 304 sacos.

A fim de maximizar a multiplicação das sementes, as sementes das selecções individuais e das colecções de sementes do ano anterior foram semeadas em 1063 linhas. Durante a estação de crescimento, e especialmente a partir do momento da maturação das cápsulas, as famílias e depois as melhores plantas foram revistas. Foi dada especial atenção às seguintes caraterísticas: pubescência do topo do arbusto, cor da folha, forma e tamanho da cápsula, cor da fibra, qualidade da fibra (comprimento e finura) e holoseminidade.

Foi dada atenção à produtividade e à taxa de maturação das cápsulas. Se os traços morfo-económicos anteriores são indicativos de tipicidade, para além de tudo o resto, são também de importância económica.

A holosseminação é a caraterística biológica e económica mais importante. O algodão cru de variedades com holosseminação é facilmente separado em sementes e fibras durante o processamento nas fábricas de algodão, devido à menor fixação das fibras à casca da semente. Por conseguinte, há um menor consumo de energia por unidade de peso de fibra, uma maior produtividade do trabalho, um menor desgaste do equipamento (descaroçador), o que, em geral, reduz os custos de mão de obra e o custo da fibra produzida. Além disso, as sementes nuas excluem a necessidade de despesas adicionais para o seu desentranhamento, permitem efetuar diretamente o seu tratamento químico, bem como a sementeira com semeadores de precisão, o que leva à redução das normas de sementeira por 1 ha e também reduz as despesas de desbaste das plântulas de algodão. Por último, ao transformar o algodão cru de variedades de sementes holandesas, a fibra é menos deformada e conserva melhor o seu aspeto comercializável e as propriedades naturais da fibra, o que determina em grande medida a procura por parte dos consumidores e afecta o custo (preço) da fibra.

Na experiência, devido à fertilidade desigual do solo e à irregularidade da parcela experimental, o desenvolvimento das plantas foi desigual. Assim, as plantas apresentaram algumas diferenças na altura do caule principal. Também foi observada variação na produtividade. Durante a estação de crescimento do algodão, nalgumas partes da parcela vizinha de culturas de luzerna, observou-se uma queda de frutos na parte central do arbusto devido à infestação de bollworms da luzerna. Apesar destas circunstâncias, uma proporção significativa das culturas encontrava-se em boas condições, o que permitiu selecionar as melhores plantas e colher o algodão em bruto. O número de selecções individuais colhidas totalizou 2500 peças. Isto assegurou plenamente a multiplicação subsequente de sementes numa área considerável .

No viveiro, as progénies endogâmicas da primeira geração (j1) foram colocadas em 99 filas. Durante a estação de crescimento, procedeu-se à autopolinização artificial das flores, também marcadas com etiquetas, nas melhores plantas. Após a abertura das cápsulas, o algodão em bruto destas cápsulas foi colhido separadamente. Um total de 398 famílias, descendentes endogâmicas (j2-j4), foram semeadas no viveiro de reprodução das selecções individuais. Durante a estação de crescimento, as famílias foram examinadas, as plantas individuais e as melhores famílias foram avaliadas. Um total de 650 selecções individuais de algodão em rama foram isoladas e colhidas neste viveiro.

Para além de realizar a autopolinização em variedades e linhas de algodão de fibras finas, foram realizados estudos simultâneos em algodão de fibras médias.

§5.4 Variabilidade de caraterísticas de valor económico em autopolinizações repetidas

A herança de caraterísticas no algodão depende em grande medida da homogeneidade genética e do grau de variabilidade paratípica das caraterísticas. O algodão é um autopolinizador não estrito e está sujeito a cruzamentos naturais na presença de insectos polinizadores e noutras condições específicas.

Na polinização sem castração das flores das plantas, a percentagem de fecundação cruzada atinge 40-80, consoante a variedade. Na prática da produção de sementes, em condições de multisorting, a contaminação biológica das variedades é especialmente possível. Todas estas questões são de grande importância para a metodologia de produção de sementes de algodão.

Neste sentido, propusemo-nos estudar o grau de variabilidade das caraterísticas das variedades de algodão em condições de autofecundação, polinização cruzada e floração aberta.

As sementes de elite das variedades incluídas na experiência foram semeadas em parcelas de 50 alvéolos e foram efectuadas autopolinizações e sobrepolinizações para cada variedade no prazo de 10 dias, a partir do início da floração.

No outono, todas as cápsulas maduras de flores de autopolinização e polinização cruzada foram recolhidas separadamente para cada variedade. O peso bruto, o número de sementes, o rendimento em fibras e o comprimento foram determinados para cada cápsula.

Para os estudos de descendência, as sementes de cada caixa foram semeadas separadamente como uma linha. Para cada variedade, foram semeadas 30 linhas autopolinizadas e 30 linhas repolinizadas. A autopolinização foi repetida para as mesmas linhas todos os anos durante 2008-2011. Para cada variedade que se autopolinizou nos anos anteriores, procedeu-se novamente à autopolinização forçada, isolando os botões na véspera da floração com sacos de papel.

Para que a flor se desenvolva normalmente, o saco isolador foi feito de papel de seda fino e translúcido. O tamanho do saco permitiu que a flor se abrisse livremente. Além disso, para garantir que as condições de germinação do pólen eram as mesmas para a autopolinização e a polinização cruzada das variedades de algodão estudadas na variante "polinização cruzada intra-varietal", as flores polinizadas foram também cobertas com sacos de papel. Os resultados mostraram que a heterogeneidade das variedades em termos de caraterísticas dominantes qualitativas é revelada nos dois primeiros anos de autopolinização. As plantas heterogéneas foram eliminadas.

Todas as linhas autopolinizadas das variedades de algodão estudadas mantiveram principalmente a tipicidade da variedade. No entanto, em comparação com as linhas sobrepolinizadas, a heterogeneidade em alguns traços quantitativos foi mais significativa. Foi revelado que o efeito depressivo da autopolinização afecta, em primeiro lugar, a fixação da cápsula e a redução do peso da cápsula no ano da autopolinização (Quadro 29).

Em todas as variedades, a fixação das sementes deteriora-se de forma idêntica, consoante a variedade. O número reduzido de sementes nas cápsulas das linhas autopolinizadas, como já foi referido, é o resultado de uma fertilização insuficiente.

Na autopolinização e na sobrepolinização, a incompatibilidade entre os grãos de pólen e o pistilo das linhas autopolinizadas desempenha um papel importante. Numerosos estudos mostram que a percentagem de fixação das sementes de algodão depende diretamente do número de grãos de pólen em germinação e do crescimento do tubo polínico. Nós estabelecemos uma dependência semelhante.

Quadro 29

Comportamento de fixação de sementes de variedades de algodão sob polinização própria e cruzada

Ordenar	Número de sementes colocadas na cápsula, unidades		
	Por autopolinização M ± m	Com a polinização excessiva M ± m	Desvios de autopolinização, %
Sultão	24,0±1,2	34,0±2,0	41,6
Zharkurgan	24,0±1,1	27,0±1,0	12,5
C-6524	23,0±2,0	26,0±1,3	13,0
Namangan-77	22,0±1,3	32,0±1,1	45,4

As hastes florais polinizadas e autopolinizadas 24 horas após a autopolinização e a polinização cruzada foram fixadas em solução de etanol a 90% e, em seguida, o número de tubos polínicos que passaram pelas bases das hastes no ovário foi determinado em secções transversais coradas com iodeto de potássio. Durante o estudo, foi contado o número de colunas estéreis e de tubos polínicos que não passaram pela base do último.

Tabela 30

Crescimento do tubo polínico na autopolinização e na polinização cruzada

polinização de variedades de algodão

Ordenar	Número de colunas, pcs.	Número de tubos

	total	estéril		polínicos, passaram para o ovário, pcs.(M m m)	
	S.o:p.o.	s.o.	p.o.	s. o.	p.o.
Sultão	44 42	11,4	não	42,0+3,9	149,0+4,7
Zharkurga n	39 34	20,5	não	29,0+4,1	109,0+7,5
C-6524	32 30	12,5	3,0	29,0+3,5	147,0+5,0
Namanga n-77	37 30	10,8	não	32,0+3,4	100,0+5,6

Nota: s.o., autopolinização; p.o., polinização cruzada.

A partir dos dados do quadro 33, verifica-se que o número de colunas estéreis aumenta acentuadamente durante a autopolinização, em três variedades não foram encontradas, e na variedade C-6524 apenas três colunas eram estéreis.

Para além da elevada variabilidade de caraterísticas como o número de cápsulas na planta, o número de sementes na cápsula, o peso da cápsula, as linhas autopolinizadas diferem entre si no grau de pubescência (pubescente, ligeiramente pubescente), no habitus do arbusto (mais largo, relativamente compacto), mas não perdem a tipicidade varietal.

As linhas de polinização cruzada são homogéneas e não apresentam qualquer desvio em relação à variedade original.

Os coeficientes de variabilidade do rendimento e do comprimento da fibra nas linhas autopolinizadas e sobrepolinizadas não são particularmente diferentes, o que indica a estabilidade relativa destas caraterísticas. Não foi observada a sua deterioração sob a influência da autopolinização.

Em 2010, foram estudadas as variedades em viveiro do segundo ano e a propagação . As duas variantes foram semeadas em linhas paralelas, e as variedades foram semeadas à direita e à esquerda: autopolinizadas e não autopolinizadas. A produtividade das plantas foi determinada pela contagem do número de cápsulas murchas no arbusto a partir de 1 de outubro.

Verificou-se que não havia diferença entre as variedades autopolinizadas e não autopolinizadas. Tanto os valores absolutos como o coeficiente de variabilidade para a caraterística eram idênticos.

Em 2011, as plantas do viveiro de multiplicação de sementes foram estudadas quanto ao rendimento, peso das cápsulas, rendimento e comprimento das fibras. Os resultados confirmaram as conclusões de 2010. No entanto, foram observados desvios notáveis em algumas variedades em termos de peso da cápsula, rendimento de fibras e comprimento. Por exemplo, na variedade Sultan, o peso da cápsula foi mais elevado na variante não autopolinizada - 7,8 g contra 7,2 na variante autopolinizada. Na variedade C-6524, pelo contrário, as plantas autopolinizadas têm uma cápsula maior. No entanto, não há regularidade: num caso, a variante autopolinizada é melhor, e no outro - a variante não autopolinizada. Observa-se um padrão semelhante para o comprimento da fibra, embora na maioria dos casos as plantas de variedades autopolinizadas e híbridas sejam melhores do que as não autopolinizadas. É possível que estes desvios sejam de natureza aleatória.

A instrução atual sobre a multiplicação preliminar de sementes de novas variedades de algodão (Moscovo, 1986) prevê a recolha de amostras de teste para a qualidade tecnológica da fibra da primeira e segunda cápsulas localizadas em 2-4 ramos do fruto. Em tempos, era correto que a resistência da fibra e o seu grau (selecionada, primeira, etc.) fossem determinados por elas (amostras). No entanto, no âmbito da transição do Uzbequistão para as normas internacionais de qualidade das fibras, este indicador não é estudado, sendo introduzido o conceito de "micronaire" (Mic), que caracteriza a finura e a maturidade das fibras. A amostra colhida de acordo com a metodologia atual distorce significativamente o índice microneur e piora significativamente a caraterística de qualidade da fibra. Neste caso, o índice micrónico pode estar fora do seu intervalo básico.

Parece que uma metodologia mais correta e mais fiável seria recolher amostras da primeira colheita de algodão em bruto. A título de exemplo, eis os resultados de uma análise comparativa da qualidade da fibra das variedades dos ensaios de variedades da nossa estação em 2011 (Quadro 31.).

Quadro 31

Resultados da análise comparativa da qualidade da fibra das variedades dos ensaios varietais da estação da colheita de 2011 (Dados do Centro de Certificação da Qualidade das Fibras do Usbequistão "Sifat").

Ordenar	Variante	Parâmetros de qualidade das fibras				
		Microfone	Len	Corda	Estrada	+ b
St 9871-I	1	4,5	1,36	51,0	80,1	8,2
	2	3,8	1,27	38,4	69,9	11,0
Surhan-18	1	5,2	1,39	52,9	81,1	7,7
	2	3,7	1,37	38,0	70,0	11,2

Nota: variantes: 1 - a amostra foi colhida de acordo com a metodologia geralmente aceite;

2 - a amostra foi recolhida de acordo com a metodologia proposta.

O quadro mostra que a diferença nos parâmetros de qualidade da fibra entre as variantes é significativa, especialmente em termos de parâmetros micronaire e de carga de rutura específica. Os indicadores da amostra de acordo com a metodologia em anexo reflectem de forma mais fiável as caraterísticas de qualidade da fibra, o que afectará certamente o seu preço.

§5.5 Controlo da qualidade das fibras de algodão

A produção de fibras de algodão é uma indústria industrial e agrícola . e o algodão é um dos factores mais importantes da economia mundial.

Os principais produtores de algodão do mundo são a China, a Índia, os EUA, o Brasil, o Paquistão, a Austrália e o Uzbequistão, que, em conjunto, produzem cerca de 87% do algodão mundial. Os maiores consumidores são a China, a Índia, o Paquistão, a Turquia e o Bangladesh, onde se concentra a maior parte da produção têxtil mundial. Um elevado fluxo de importações de algodão destina-se à China, à Turquia, ao Bangladesh e à Indonésia. Apenas dois países não consomem internamente todo o algodão produzido - os EUA e o Uzbequistão. Em conjunto, representam cerca de metade das exportações mundiais.

A cultura do algodão exige condições climatéricas específicas. A combinação de temperaturas elevadas, ar seco e água abundante não é comum. O algodão é sobretudo cultivado nos deltas dos grandes rios. São eles os deltas do Mississipi, dos grandes rios chineses, do Indo e do Ganges, do Amu Darya e do Syr Darya, e do Nilo. Noutros locais, ocorre esporadicamente e não desempenha um papel importante na produção mundial.

A distribuição geográfica do algodão no mundo exige a menção das diferentes variedades de algodão. Os seus nomes reflectem frequentemente a área de distribuição. Das espécies cultivadas, a espécie mexicana é a mais difundida, representando cerca de 70% da produção mundial. Segue-se a espécie Indochinesa. O algodão peruano dá as melhores fibras em termos de comprimento, finura e resistência. Na Ásia Central, são distribuídas principalmente variedades locais de algodão indochinês, que estão a ser gradualmente substituídas por variedades selectivas de algodão mexicano e peruano.

Dependendo do local e das condições de cultivo, as diferentes variedades de algodão diferem consideravelmente em termos de qualidade e propriedades da fibra. No entanto, o tipo de algodão não é o mais importante. O que importa é a fibra que produz.

A área limitada disponível para o cultivo economicamente viável do algodão significa que há poucas oportunidades para aumentar a quantidade de algodão plantado a nível mundial. O único recurso para aumentar a produção de algodão no mundo é aumentar os rendimentos do algodão. O único recurso para aumentar a produção de algodão no mundo é aumentar os rendimentos do algodão, uma vez que a área de terra adequada para o algodão é limitada. Para obter rendimentos elevados na cultura industrial do algodão, são ativamente utilizadas preparações químicas: pesticidas (contra várias pragas das plantas), herbicidas (contra ervas daninhas), fungicidas (contra doenças fúngicas), desfolhantes (utilizados durante a colheita para fazer cair as folhas do algodão). Os campos de algodão com algodão convencional são pulverizados com cerca de 20% de todos os pesticidas e 25% de todos os insecticidas do mundo. Todas estas substâncias são venenosas, resistentes à decomposição e, uma vez acumuladas no solo, causam danos irreparáveis ao ambiente.

A fim de reduzir o custo dos produtos químicos de controlo de pragas, foi iniciada nos EUA, no final da década de 1990, a investigação sobre o algodão geneticamente modificado. O algodão foi uma das primeiras culturas a ser desenvolvida. No seu cultivo foram utilizadas sementes geneticamente modificadas (GM). Estas sementes foram experimentadas pela primeira vez na Austrália. Atualmente, cerca de 26% da área mundial de algodão é plantada com variedades de algodão geneticamente modificadas ou biotecnológicas, representando cerca de 35% da produção mundial total. O maior produtor de algodão geneticamente modificado é a China. Austrália, com o qual. Na Austrália, onde começou o desfile do algodão geneticamente modificado em todo o mundo, todo o algodão é atualmente geneticamente modificado.

A única alternativa sensata para o controlo das pragas é a rotação anual das culturas e evitar as monoculturas. Um sucesso verdadeiramente sustentável poderia ser alcançado através do cultivo de algodão biológico (ou orgânico), que se baseia em evitar fertilizantes químicos e utilizar a polinização natural. O cultivo de algodão biológico exclui a utilização de sementes geneticamente modificadas. Atualmente, apenas uma pequena quantidade de fio de algodão orgânico é produzida em todo o mundo. O principal fornecedor de matérias-primas biológicas é a América.

Dependendo das condições climatéricas durante a sementeira e a maturação da cultura do algodão e a colheita do algodão em bruto, e também dependendo da variedade de reprodução, a fibra de algodão pode ter diferentes parâmetros de micronaire, comprimento dos fios, cor, bloqueio, resistência (carga de rutura específica) e outros parâmetros de qualidade. De acordo com estes parâmetros, a fibra de algodão divide-se em vários tipos diferentes. Na prática mundial, o vendedor e o comprador nos seus grandes contratos, em regra, não limitam o grau de base para calcular o valor do algodão de diferentes qualidades fornecido ao abrigo desse contrato; nos pequenos contratos, permitem geralmente a ligação à classificação oficial sobre as qualidades relevantes que não estabelecem normas, são determinadas descritivamente, com base em normas físicas.

Um dos factores que teve grande influência na intensidade do desenvolvimento da tecnologia HVI na década de 1980 foi a utilização crescente de máquinas de fiação a rotor na indústria têxtil mundial, para a qual a resistência das fibras, que não podia ser avaliada pelos métodos de classificação convencionais, era de importância primordial para a produção de fios fortes. Foram também utilizadas nos gabinetes de classificação do USDA. Ao mesmo tempo, os fabricantes de sistemas Spinlab e Motion Control começaram a enviar HVIs para países de todo o mundo.

No Uzbequistão, os primeiros sistemas HVI surgiram em 1989-1990 e, desde 1993, os indicadores foram parcialmente introduzidos na norma nacional. Desde 2002, a avaliação da qualidade de todas as fibras de algodão produzidas no Uzbequistão é integralmente efectuada por sistemas HVI.

Para efetuar as medições, o sistema HVI deve estar em condições climáticas padrão de temperatura do ar - 21±1®C, humidade relativa - 65 ± 2% (quando monitorizado por psicrómetro Astman com uma escala de 0,1®C ou instrumentos equivalentes de medição de temperatura e humidade com uma precisão entre 6,75% e 8,25%.

Todos os cálculos são efectuados pelo software do microprocessador interno do HVI para cada amostra, com resultados médios de medição para resultados de testes paralelos. O resultado final da medição da fibra de algodão é impresso numa impressora.

Assim, a análise e a avaliação da situação atual no domínio da produção, do consumo e do controlo da qualidade das fibras de algodão revelaram:

- ocorreram alterações significativas na produção de fibras de algodão;
- Os principais produtores - China, Índia, EUA, Brasil, Paquistão, Austrália, Uzbequistão - produzem atualmente algodão convencional (natural) utilizando agroquímicos tradicionais (pesticidas, herbicidas, fungicidas e desfolhantes) até 60% do volume total, algodão geneticamente modificado (a partir de sementes geneticamente

modificadas) resistente a pragas e doenças - até 35%, orgânico (amigo do ambiente, sem utilização de fertilizantes químicos) - até 5%;

- A transição da avaliação da qualidade do algodão nos países produtores e consumidores para normas internacionais que utilizam o sistema de medição de elevado desempenho HVI alterou profundamente os métodos de ensaio das fibras.

Para uma avaliação mais qualitativa das propriedades tecnológicas da fibra de selecções individuais, famílias de viveiro I e II ano, de acordo com a investigação conduzida, na nossa opinião, a amostragem da fibra para análise deve ser efectuada da seguinte forma

1) Após a limpeza da seleção individual, toda a fibra recebida é enviada para análise;

2) Para os viveiros de I e II anos, as fibras obtidas após a limpeza das colecções de sementes são espalhadas sobre a mesa numa camada uniforme e são retiradas 50 gramas de fibras de diferentes locais para serem enviadas para análise.

CAPÍTULO VI CERTIFICAÇÃO DE VARIEDADES (IDENTIFICAÇÃO) DE SEMENTES

§6.1 Análise dos ensaios de certificação para efeitos de emissão de um certificado de identificação

A certificação de sementes e material de plantação de plantas agrícolas visa o exercício de um controlo permanente da produção, colheita, transformação, armazenamento, venda, transporte e utilização de sementes certificadas, bem como a harmonização do processo de certificação com as regras e requisitos das organizações internacionais.

O objeto da certificação são as sementes de qualquer espécie destinadas à venda e inscritas no Registo do Estado. O certificado é emitido para sementes que satisfazem os requisitos das normas estatais e industriais em termos de qualidades varietais e de sementeira.

Durante o processo de reprodução, as caraterísticas económicas e biológicas de uma variedade alteram-se progressivamente. Este processo está associado à divisão, ao aparecimento de mutações, à contaminação mecânica e biológica, ao aumento da morbilidade das plantas, etc. Devido às razões acima referidas, a deterioração das variedades pode ocorrer durante o cultivo a longo prazo na produção.

As Organizações para a Cooperação e Desenvolvimento Económico (OCDE) desenvolvem sistemas específicos de certificação de variedades para sementes no comércio internacional. Este sistema permite o controlo do processo de produção das sementes, a fim de garantir que são seguidas as práticas técnicas adequadas para assegurar a integridade da variedade. São efectuados controlos em várias fases da produção para garantir que não há acidentes imprevistos que possam reduzir a qualidade varietal das variedades testadas.

A introdução de sistemas de certificação de variedades reforçará o comércio de sementes, expandirá a área de cultivo de variedades de culturas, permitirá que as variedades nacionais entrem no mercado internacional e aprofundará a cooperação internacional no domínio da reprodução e da produção de sementes.

No nosso país, até à data, não existe certificação varietal das sementes de algodão. Em vez disso, procede-se à aprovação das sementeiras, a fim de fornecer às culturas sementes com as melhores qualidades varietais e económicas. Com base nos dados da aprovação, é estabelecida a pureza varietal das culturas e o grau de infestação de pragas e doenças.

O elemento mais importante da certificação, tal como é habitual na prática internacional, é o ensaio no solo. Neste caso, deve ser considerado como regra que, se os resultados dos ensaios efectuados num lote de sementes revelarem que os traços da variedade ou a pureza varietal não são preservados, o organismo de certificação não tem o direito de certificar essas sementes.

A lei da República do Usbequistão "Sobre a produção de sementes" introduziu a certificação das sementes de acordo com os indicadores que certificam as suas qualidades varietais e de sementeira. As sementes destinadas à venda no país, bem como os fornecimentos a fundos de seguros, estão sujeitas a certificação.

Dado que a República não procede à certificação das variedades e não emite um certificado de identificação, que é substituído por um certificado de aprovação, propusemo-nos estudar a possibilidade de proceder à certificação das variedades através da inspeção dos campos e da emissão de um certificado de homogeneidade das variedades.

§6.2 Investigação sobre a certificação varietal através da inspeção das culturas de sementes

O trabalho de investigação foi efectuado em condições de campo e de laboratório na exploração de sementes de elite da região de Namangan "Chust", multiplicando a variedade Namangan-77; na exploração de sementes de elite da região de Fergana "Toshlok Super Elite", multiplicando a variedade AN-16; no distrito de Yukari-Chirchik da região de Tashkent, a exploração de sementes de elite "Guliston Darkhon Khosili" que multiplica a variedade C-6524; no distrito de Akkurgan, a exploração de elite "Abduvali Temur" que multiplica a variedade C-6541 no distrito de Gulistan da província de Syrdarya, a exploração de elite "Ulugbek-4", variedade de multiplicação An-Bayaut, no local de ensaio de variedades de Pskent e na estação republicana de produção de sementes primárias e ciência das sementes de culturas agrícolas. As variedades de reprodução desenvolvidas pelos criadores nacionais serviram de matéria-prima. Para estabelecer a diferença entre uma variedade e outra, bem como para avaliar a homogeneidade e a estabilidade, foram utilizados os valores das caraterísticas individuais.

As variedades, com as quais foi feita a comparação no processo de ensaio, estão incluídas no registo estatal de variedades recomendadas para sementeira no território da República do Usbequistão.

O critério mais simples para estabelecer o carácter distintivo foi a consistência da caraterística distintiva. Foi determinado o número de comparações que é suficiente para chegar a uma conclusão.

Uma variedade é considerada homogénea se a sua variabilidade, em função do método de seleção e da presença de formas desviantes devidas à contaminação aleatória por mutações ou outras causas, não exceder o nível que permita a sua descrição e identificação com precisão.

A homogeneidade é a capacidade de uma variedade (raça) apresentar os seus traços morfobiológicos caraterísticos em quase todas as plantas. A investigação tem por objetivo o estudo e a harmonização da legislação internacional relativa às sementes. Na formação das propriedades de rendimento e de distinção das variedades de algodão de grande importância são as condições edafoclimáticas das regiões da república, onde se adaptaram para dar um rendimento estável durante muitos anos.

Os ensaios foram efectuados de acordo com a metodologia da Comissão Estatal em quatro repetições. Como os resultados da investigação mostraram, a maioria das novas variedades de algodão de maturação média testadas nas parcelas de ensaio de variedades da república (em cinco regiões) eram significativamente inferiores às variedades de algodão zonadas, mais adaptadas a estas condições, em termos de caraterísticas economicamente valiosas. Além disso, os ensaios em cada região revelaram várias novas variedades de algodão de maturação média que excederam as variedades padrão em termos de maturação precoce e rendimento. As novas variedades individuais de algodão provaram a sua superioridade nestas duas caraterísticas em várias regiões.

O estado da produção de sementes de elite pode ser avaliado pelos resultados finais, pela quantidade e pela qualidade das sementes semeadas de elite e das reproduções subsequentes. Com base no volume de produção de sementes, a situação da produção primária de sementes de algodão pode ser avaliada como satisfatória ou mesmo boa. Contudo, de acordo com os dados do controlo no terreno, muitas explorações de elite produzem sementes com pureza varietal reduzida ou sementes não varietais em vez de variedades de algodão de elite.

De acordo com relatórios recentes do Centro de Controlo de Uzbequistão, apenas um quarto das explorações de elite no Uzbequistão produziu sementes de elite de pleno direito, com 99% de pureza varietal na descendência. As restantes explorações de elite produziram sementes com uma pureza varietal reduzida (ao nível de 1.11.111 reproduções) ou mesmo sementes não varietais (pureza varietal de 85-92%).

Se forem libertadas sementes não varietais para uma variedade em vez de elite, então todas as reproduções subsequentes, ou seja, todas as culturas dessa variedade, tornam-se não varietais. Por conseguinte, a libertação de sementes de qualidade inferior pela maioria das explorações de elite é o principal problema da produção primária de sementes de algodão. Nos últimos anos, não existem culturas varietais para algumas variedades de algodão zonadas. Há muitas razões para esta situação. Em primeiro lugar, a fiabilidade da avaliação e a eficácia da seleção de materiais de elite dependem da cultura agrícola da exploração. O baixo nível de agrotecnia, as diferentes condições de crescimento no viveiro, a sobrelotação das culturas de sementes de elite, que é frequentemente procurada pelos produtores, as medidas agrícolas intempestivas e de má qualidade durante a estação de crescimento - tudo isto dificulta a identificação dos traços típicos de uma variedade, e a transferência de variedades obviamente subdesenvolvidas e mesmo de misturas biológicas para explorações de elite é a segunda razão para a redução da pureza varietal. Em alguns casos, os obtentores de sementes têm de lidar com descrições erradas de variedades feitas por autores, o que exclui a seleção adequada de materiais de elite e a preservação dos traços da variedade. Estes exemplos mostram uma certa subestimação do papel da pureza varietal na preservação dos traços das variedades de algodão e a degeneração prematura das variedades libertadas, que não é rentável para a economia nacional do país. Desde 1996, a determinação da pureza varietal de novas variedades tem sido efectuada num dos campos de variedades estatais, primeiro em Yukor-Chirchik, depois em Pskent.

A concretização desta disposição cria condições prévias reais para o estabelecimento de explorações de elite baseadas em variedades libertadas. Os obtentores também estão interessados nesta medida, uma vez que a avaliação objetiva das variedades permite selecionar as melhores e colocá-las razoavelmente nas zonas de cultivo do algodão.

A regionalização e a multiplicação forçada de variedades melhoradas garantem a preservação das suas caraterísticas de valor económico.

De acordo com relatórios recentes, em muitas explorações agrícolas de elite, a limpeza de sementes de elite de plantas atípicas é efectuada intempestivamente, de forma deficiente ou não é efectuada de todo e, em alguns casos, é substituída pela elaboração de documentos fictícios. As condições varietais das sementes são parcialmente reduzidas durante a limpeza das sementes em bruto nas fábricas de algodão, mas para reproduções elevadas esta contaminação é geralmente insignificante. É frequentemente sobrestimada com o objetivo compreensível de transferir a responsabilidade pelo mau desempenho das explorações de elite para as fábricas de algodão. No entanto, as fábricas de algodão não são nem podem ser culpadas pela baixa pureza varietal das culturas de elite, uma vez que as sementes destas culturas são limpas, como se sabe, não nas fábricas de algodão, mas nas explorações de elite.

A falta de controlo da pureza das variedades dá origem ao desejo de aumentar a produção de sementes de variedades inferiores e de abrir novas explorações de elite. Ao mesmo tempo, os custos de produção das sementes aumentam e a sua qualidade deteriora-se. Uma das formas de melhorar a qualidade das sementes consiste em efetuar uma inspeção varietal das culturas de sementes e, com base nos seus dados, emitir um certificado de identificação. Esta medida estaria em conformidade com as regras internacionais de certificação das sementes.

6.3 Inspeção das culturas de sementes

A aprovação das culturas de sementes é efectuada a fim de fornecer às culturas sementes com as melhores qualidades varietais e económicas. Com base nos dados da aprovação, é estabelecida a pureza varietal das culturas e o grau de infestação das plantas por pragas e doenças. A aprovação é efectuada em determinados termos estabelecidos pelo Ministério da Agricultura e dos Recursos Hídricos, sendo o principal documento a Lei da Aprovação.

Este sistema não é adequado para sementes comercializadas a nível internacional. As Organizações para a Cooperação e Desenvolvimento Económico (OCDE) desenvolveram sistemas específicos de certificação de variedades para sementes comercializadas internacionalmente. Estes permitem o controlo do processo de produção de sementes para assegurar que são seguidas as práticas técnicas adequadas para garantir a integridade da variedade. As inspecções são efectuadas em várias fases da produção para garantir que não há acidentes imprevistos que possam reduzir a qualidade das variedades inspeccionadas. Trata-se de duas formas essenciais de verificar se o desenvolvimento das culturas está a decorrer de forma satisfatória:

1. As amostras de sementes são semeadas em parcelas de campo para que a planta possa ser monitorizada ao longo da estação de crescimento.

2. Os campos destinados à produção de sementes são inspeccionados para determinar o seu estado, em alguns casos uma ou mais vezes.

O objetivo dos ensaios de campo em parcelas de controlo é determinar se as caraterísticas da variedade se alteram ou não durante o período de reprodução.

A pessoa responsável pelas observações deve ter experiência e conhecimentos suficientes sobre a variedade e as suas caraterísticas para poder efetuar um julgamento qualificado sobre a medida em que a planta difere da amostra e se pode ser considerada atípica. Algumas caraterísticas de uma variedade, como a altura e a maturidade, dependem das condições ambientais, causando diferenças entre as plantas, pelo que pode haver dúvidas quanto à inclusão de uma determinada planta na contagem.

O teste é concebido para responder a duas perguntas:

-Se a amostra no seu conjunto corresponde à descrição da variedade;

- se a amostra está em conformidade com as normas de pureza aprovadas.

Para determinar a autenticidade de uma variedade por comparação visual e para identificar as plantas atípicas, as parcelas devem ser dispostas de forma a que todas as amostras da mesma variedade sejam colocadas juntas e, dentro de cada variedade, todas as amostras da mesma geração, geralmente provenientes do mesmo lote de sementes de elite, sejam colocadas juntas. Neste caso, as parcelas com aspeto diferente e as plantas atípicas são mais visíveis e mais fáceis de observar. O segundo método consiste em estabelecer plantas atípicas numa parcela para comparar o seu número com os padrões aprovados.

As culturas de sementes são inspeccionadas de modo a garantir que não existem compromissos que possam prejudicar a qualidade das sementes cultivadas.

Os principais pontos a que o inspetor deve prestar atenção:

-A sementeira é geralmente da variedade esperada;

-se o número de plantas atípicas excede os limites permitidos pela norma;

- se o número de plantas de outras espécies ultrapassa os limites permitidos pela norma;

- se a cultura está suficientemente protegida da mistura mecânica ou da polinização estranha;

-Se os outros aspectos fitossanitários (ausência de doenças, etc.) são satisfatórios.

O inspetor deve dar um parecer independente sobre o estado da cultura.

A inspeção revela o estado da cultura no momento da inspeção, quando alguns defeitos podem estar escondidos ou ser difíceis de discernir. Em alguns casos, é necessária uma segunda inspeção para se fazer um julgamento final. No entanto, em todos os casos, a inspeção é complementada pelos resultados de testes em parcelas de controlo, que são mantidas sob observação e que geralmente fornecem informações mais pormenorizadas sobre a pureza varietal e de espécie das sementes.

O inspetor deve obter informações do responsável pelo campo sobre a localização da cultura a inspecionar, bem como quaisquer informações, como a quantidade de sementes utilizadas na sementeira, os rendimentos dos anos anteriores no campo, etc., que são normalmente registadas no relatório de inspeção.

O responsável pela sementeira deve conservar, pelo menos, o rótulo do recipiente de sementes utilizado para a sementeira e apresentá-lo ao inspetor.

O inspetor deve ter formação adequada para reconhecer a variedade que lhe é pedida para inspecionar. Devem ser-lhe fornecidas descrições adequadas das principais caraterísticas da variedade a inspecionar.

Ao avaliar uma cultura de sementes, é necessário decidir se esta se encontra ou não em condições satisfatórias e se deve ou não prosseguir com uma inspeção mais pormenorizada. As sementes com plantas significativamente alojadas, muito infestadas de ervas daninhas, raquíticas ou com crescimento fraco devido a doenças, pragas ou outras razões que não possam ser corretamente avaliadas em termos de pureza varietal são rejeitadas.

Para simplificar o trabalho dos inspectores, elaborámos projectos de documentos-modelo para as diferentes fases da inspeção dos campos. A primeira coisa com que o inspetor tem de se familiarizar é o relatório da pessoa singular ou colectiva sobre a produção de sementes certificadas, e depois os campos são inspeccionados.

O objetivo da inspeção de campo é verificar se a cultura de sementes cumpre as normas de produção de sementes:

-é que não se verifiquem circunstâncias prejudiciais à qualidade das sementes colhidas;

-que a variedade semeada corresponde aos traços varietais;

- que o grau de pureza cumpre os requisitos da norma.

As culturas de sementes devem ser inspeccionadas durante todo o período de crescimento. A inspeção formal permite avaliar a autenticidade da variedade e a limpeza do campo. Embora as técnicas de inspeção no terreno variem em pormenor, os principais princípios de verificação das inspecções no terreno são os seguintes

1. os campos cultivados devem ser concebidos de forma a minimizar o risco de plantas autofecundadas indesejadas ou de infestação

de espécies de culturas de sementes relacionadas.

2. as culturas devem ser suficientemente isoladas de outras variedades para evitar a contaminação por polinização indesejada.

3. as culturas varietais devem ser fisicamente isoladas das outras variedades para evitar a mistura mecânica aquando da colheita.

4) As sementes semeadas devem ser exclusivamente isentas de ervas daninhas e de outras variedades, especialmente as sementes que serão difíceis de separar das outras sementes durante a transformação.

5. as sementes semeadas devem ser tratadas com produtos químicos tóxicos contra doenças.

6) As sementes semeadas devem ter uma autenticidade varietal exacta, não devendo existir qualquer presença de outras plantas atípicas na determinação das normas de pureza varietal.

7.Não deve haver presença de plantas de outras espécies na determinação dos padrões.

A pessoa que efectua a inspeção de campo deve receber todas as informações necessárias sobre a variedade a semear e deve estar familiarizada com os caracteres utilizados para a descrição varietal e a identificação das espécies. As informações necessárias devem incluir a descrição da variedade, a origem das sementes utilizadas para a sementeira e os resultados das parcelas de pré-teste. O inspetor deve igualmente dispor de informações sobre as culturas nos campos nos últimos cinco anos.

O inspetor deve dar um parecer independente sobre a variedade inspeccionada. A função do inspetor consiste em informar a autoridade sobre o estado da cultura durante a inspeção. Se, durante a inspeção, surgirem circunstâncias em que seja muito difícil determinar a presença de plantas atípicas ou se estas ficarem escondidas, pode ser ordenada uma segunda inspeção ou uma inspeção subsequente até que seja tomada uma decisão.

Para autenticar a sementeira, os produtores de sementes devem conservar pelo menos um rótulo do lote de sementes da variedade utilizada para a sementeira. O organismo de certificação de sementes exige que um rótulo seja exibido no campo para que o inspetor o compare com um segundo rótulo mantido pelo produtor de sementes.

Este procedimento tem por objetivo verificar a correspondência entre os dados constantes do rótulo e os dados inscritos na ficha de controlo de campo e declarar a autenticidade da variedade. Após uma inspeção completa do campo, o inspetor procede a uma verificação mais pormenorizada dos campos, especialmente em torno do perímetro. O isolamento da cultura à volta do perímetro deve estar em conformidade com as normas. Se a localização da variedade, a sua autenticidade, a identidade varietal, o isolamento e o tratamento no campo forem satisfatórios, a fase final da inspeção é a determinação da pureza varietal. Em geral, o número de áreas de amostragem de sementes deve aumentar proporcionalmente à dimensão dos campos. Devido ao elevado nível de exigência das sementes de super elite e de elite, o número de plantas a examinar deve ser superior ao das sementes de reprodução. Pode utilizar-se uma dimensão de amostra de 4n como regra de base quando o nível de pureza exigido é de 1 em "n", ou seja, para uma pureza varietal mínima de 99,9 por cento (1 em 1000) a dimensão da amostra deve ser de 4000.

O organismo de certificação pode basear-se principalmente nos dados das parcelas de pré-controlo e utilizar os resultados da inspeção de campo apenas para confirmação. Se houver uma discrepância clara entre as parcelas de controlo e os dados de campo, deve ser realizado um estudo de acompanhamento de ambas as áreas para que se possa chegar a uma decisão favorável.

Preparámos alguns quadros para o controlo da inspeção, que são apresentados como números 29-32.

§6.4 Realização do controlo de inspeção

Em 2012, foi efectuado um controlo de inspeção nas explorações de sementes de elite de Chust, Yukari-Chirchik, Tashlak, Akkurgan e Gulistan.

Verificou-se que o isolamento espacial foi mantido em todas as explorações de sementes de elite. No entanto, as plantas atípicas permaneceram nos campos após a seleção no terreno. Por conseguinte, foi recomendada uma varredura varietal adicional com remoção de plantas atípicas em todos os campos testados. Após a limpeza, foi permitida a recolha de sementes.

Na exploração de sementes de elite Y.Chirchik, na região de Tashkent, foi efectuada uma análise comparativa da rejeição de plantas e famílias durante o rastreio no terreno através do controlo de inspeção. Para a análise, foram selecionadas 100 famílias no viveiro de 1 ano, 20 famílias no viveiro de 2 anos e 5 famílias no viveiro de multiplicação de sementes. Os rastreios no campo foram efectuados 3 vezes: nos períodos de início da floração em massa, de frutificação e antes da colheita. O controlo de inspeção foi realizado antes da sementeira, após o desbaste final: 1 de junho, 1 de julho e 25 de agosto (Quadros 37-38).

O estudo mostrou que, nos rastreios de campo em viveiros de 1 e 2 anos, a maior percentagem de rejeição se deveu a plantas rejeitadas em famílias rejeitadas. Dos 53,7% no viveiro de 1 ano e dos 43,4% no viveiro de 2 anos, 42,7% e 36,6% das plantas foram rejeitadas em famílias rejeitadas, respetivamente. Isto indica que os trabalhadores agrícolas de elite prestam pouca atenção à qualidade da raspagem no campo para detetar a não tipicidade. Durante o controlo de inspeção, a percentagem de plantas rejeitadas foi 5-6 vezes inferior; as plantas típicas em famílias desbastadas e pouco desenvolvidas não foram rejeitadas.

Quadro 32

GRÁFICO DE CARACTERÍSTICAS DO ALGODÃO

SINAL	EXPRESSÃO
1	2
1. CUST	
1 .forma.	Em forma de cone, em forma de coluna, estreito-piramidal, piramidal, largo-piramidal, globular
2. compacidade	Compacto, Semi-compacto, Espalhado
3 Folhagem	Forte, Médio, Fraco
4. número de monopés	Em falta 1, 2, 3
П. STEBEL.	
5. Colorir	Verde claro, Verde, Verde escuro, Vermelho
6. Comprimento dos entrenós	Curto, Médio, Longo

7 Conformabilidade	Resiliente, Semi-resiliente, Não resiliente
B. Sulcagem	Penugento, Ligeiramente penugento, Nú
9. grau de bronzeamento	Forte, Médio, Fraco
Y. Arranque	Forte, Médio, Fraco
W. RAMOS SIMPODIAIS	
1 1 .Tipo de ramos	0 (marginal), 1, 2, 3, 4
12. Altura de assentamento de 1 ramo simpodial	Baixo, Médio, Alto
13. Localização das sucursais	Normal, flácido
IV.FOLHA	
H. Magnitude	Pequeno, Médio, Grande
15. Inchaço	Feltrada, Pouca pubescência, Nua
16. Superfície da folha	Fortemente ondulado, ondulado, plano
17. Forma do lóbulo principal	Triangular, lanceolada, em forma de cunha.
18. Dissecação	Forte, Fraco, Médio
19. Trevos	Auricular, Lanceolado-lanceolado, Lanceolado.
V.COLUNA.	
20. Magnitude	Grande, Médio, Pequeno
2 1 .coloração das pétalas	Creme leve, Creme, Limão.
22. Presença de manchas de antocianina	Sim, não.
VI. A CAIXA	
23. Magnitude	Grande, Médio, Pequeno
24. Formulário	Em forma de cone, oval-cone, piramidal, ovoide-oval, redondo-oval
25. Superfície	Mate, brilhante, liso, com nervuras
26. Presença de uma bica	Não, Ligeiramente pronunciado, Fortemente pronunciado, Dobrado, Dobrado.
27. Presença de um asterisco	Não, Ligeiramente pronunciado Fortemente pronunciado.
2 8. Sillage	3,4,5
VII.CEMEHA	
29.Magnitude	Grande, Médio, Pequeno

30. Inchaço	Peludo, roliço, nu
31. ventre inferior	Não, Cinzento claro com laivos esverdeados, Cinzento, Branco, Esmeralda

Quadro 33

Resultados das análises de campo em 2014 para a variedade C-6524 na Yu-Chirchik Elite Farm

Motivos de rejeição	Berçário 1 ano 100 famílias				Berçário 2 anos 20 famílias				Viveiro de propagação de sementes 5 famílias			
	Semey	Raste total	Incluindo.		Semey	Plantas, total	Incluindo.		Semey	Plantas, total	Incluindo.	
			Numa família bastarda.	Nas famílias não casadas			Numa família bastarda.	Nas famílias não casadas			Numa família bastarda.	Nas famílias não casadas
Atipicidade	20	442	400	42	1	404	371	93	-	97	-	97
Porosidade da murchidão:	2	94	74	20	2	703	660	43	-	43	-	43
Pragas	-	130	-	130	-	119	-	119	-	50	-	50
Desbaste	9	85	85	-	1	106	106	-	-	-	-	-
Por subdesenvolvimento	10	242	242	-	5	1402	1402	-	-	-	-	-
Conclusão:	41	993	801	192	9	2734	2539	195	-	190	-	190
%	41	34,1	27,5	6.6	4 5,0	47	43,6	3,4	-	1,8	-	1,8

Quadro 34

Resultado do controlo de inspeção nos viveiros da exploração de elite Yu-Chirchik na variedade C-6524 em 2014

Motivo da rejeição	Rejeitados de fábricas											
	Creche de 1 ano, 100 famílias			Creche 2 anos, 20 famílias			Viveiro de propagação de sementes nas famílias			Semeadura de 1 reprodução 1 hectare		
	Quantidade		%	Quantidade		%	Quantidade		%	Quantidade		%
	Número total de plantas pcs	Abandonado		Número total de plantas pcs	Abandonado		Número total de plantas pcs	Abandonado		Número total de plantas pcs	Abandonado	
Atipicidade		81	2,7		77	1,3		36	0,3		602	0,8
Esterilidade		-	-		-	-		-	-		-	-
Inevitabilidade: murchar		34	1,2		173	2,9		67	0,6		920	1,2
Pragas		117	3,9		201	3,3		108	1,0		2125	2,8
Conclusão:	2988	232	7,8	6038	451	7,5	10950	211	1,9	75,6	3647	4,8

										toneladas/ ha		

Os dados da investigação sobre as normas de avaliação das qualidades varietais das sementes permitem tirar as seguintes conclusões:

1. os métodos internacionais de determinação das qualidades varietais das sementes de algodão devem ser adaptados às condições locais.

2) Aquando da descrição de uma variedade, o criador deve indicar os traços com base nos quais as plantas são avaliadas para determinar a pureza varietal.

3.Os testes de distinguibilidade de uma variedade em relação a outra devem ser efectuados em conformidade com as recomendações agronómicas recomendadas pelo autor da variedade.

4) Para uma avaliação fiável das qualidades varietais das variedades semeadas, deve ser efectuada uma inspeção das culturas de sementes e deve ser dada grande importância ao isolamento espacial. Deve ser emitido um certificado de identificação com base nos dados da inspeção e do controlo das variedades no solo.

5) A fim de estabelecer a fiabilidade da determinação das qualidades varietais dos lotes de sementes, devem ser estabelecidas parcelas de controlo (controlo no terreno) e a uniformidade da variedade deve ser verificada nessas parcelas.

CONCLUSÃO

Com base na análise comparativa da experiência científica e prática acumulada no desenvolvimento da produção de sementes de elite e na adaptação dos métodos mais aceitáveis às condições emergentes da produção de sementes pelas explorações agrícolas da República:

- o processo de tratamento estatístico dos resultados foi simplificado análises laboratoriais de material de elite;

- foi desenvolvida uma variante óptima de reprodução de sementes de algodão originais e de super-elite com base em métodos de produção de sementes de super-elite aplicados na prática internacional;

- avaliação das propriedades tecnológicas de base da fibra de amostras experimentais e selecções individuais de acordo com o sistema internacional HVI, geralmente aceite nos principais países produtores de algodão do mundo; para este efeito, foi desenvolvido o método de amostragem de fibras de selecções individuais, famílias de viveiros de 1 e 2 anos;

- Foi melhorada a precisão e a fiabilidade dos resultados de rejeição para a seleção das melhores famílias da variedade propagada, com parâmetros de qualidade de acordo com os parâmetros internacionais, a fim de manter ou melhorar as caraterísticas de qualidade da fibra nesta variedade;

- o desenvolvimento de um programa informático para uma avaliação mais rápida e fiável do material do autor, para o qual foi apresentado um pedido de patente, está na fase final de formação e aperfeiçoamento das variedades;

- Foi revelada a variante óptima da seleção modal de plantas e famílias destinada a alterar a estrutura da variedade na direção desejada, com reforço da correlação no grupo de plantas correspondente.

Pela primeira vez, com base no estudo comparativo da natureza da herança, do grau de variabilidade e da formação de caraterísticas de valor económico em diferentes variedades de sementes, foi revelada a natureza genética das principais caraterísticas de valor económico;

desenvolveu, pela primeira vez, um programa informático "Elita" para o tratamento estatístico dos resultados de numerosas análises laboratoriais de sementes de elite de variedades de algodão e proporcionou um processo automatizado de rejeição e seleção de material de elite para posterior multiplicação;

são apresentadas justificações para uma avaliação fiável de selecções individuais e famílias de variedades de reprodução propagadas em diferentes explorações de elite;

foram propostas normas internacionais de avaliação da qualidade das fibras para serem utilizadas na prática do trabalho de elite e foram desenvolvidos critérios para a rejeição de famílias e plantas no terreno;

com base no estudo comparativo dos diferentes métodos de produção de sementes originais de novas variedades de algodão, unificou as instruções para a multiplicação preliminar de novas variedades de algodão;

foi revelada uma avaliação mais fiável das plantas e das famílias no viveiro durante a seleção no campo, realizada com base na tabela morfológica de caraterísticas fornecida pelo autor aquando da transferência da variedade para o ensaio de variedades, tendo sido recomendada a sua introdução no trabalho com sementes de elite;

Ficou provado que, no atual método de reprodução de novas variedades de algodão, os autores da variedade praticamente não participam na seleção das sementes originais e, frequentemente, transferem para multiplicação o material de origem com pureza varietal correspondente à qualidade da terceira reprodução;

ao efetuar rastreios de campo, é necessário utilizar mais completamente os desvios de modificação na produtividade, mas ao mesmo tempo é necessário rejeitar rigidamente as alterações hereditárias, remover as formas subdesenvolvidas, doentes e reduzidas;

Propõe-se determinar a qualidade da fibra de selecções individuais e amostras experimentais de colecções de sementes de novas variedades de reprodução em explorações de pré-propagação no território da República do Usbequistão para efetuar análises na linha HVI;

Foi estabelecida a vantagem da colheita de selecções individuais no viveiro de multiplicação de sementes de novas variedades de algodão, o que contribui para a preservação da homogeneidade genética e das caraterísticas economicamente valiosas das sementes reproduzidas;

pela primeira vez, com base no estudo comparativo da avaliação do material de sementes pelos métodos existentes e utilizando o HVI, o espetro de variabilidade dos traços economicamente valiosos e das propriedades tecnológicas da fibra em selecções individuais, famílias de viveiros de I. II ano e propagação de sementes;

Foi estudada a influência matricial do grau de colheita de sementes de algodão em bruto nas qualidades varietais e de sementeira das sementes em função da recolha de cápsulas em 8, 10 e 12 ramos simpodiais.

LISTA DE REFERÊNCIAS

1.Enciclopédia da produção de algodão // Tashkent, 1985. -т.2. - C.127.

2. lei da República do Usbequistão. Sobre a produção de sementes. - Tashkent: - 1996.

3. lei da República do Usbequistão. Sobre os resultados da criação. - Tashkent: - 1996.

4. decreto do Conselho de Ministros da República do Usbequistão: sobre o programa de renovação varietal e de colocação varietal do algodão para 1999-2000 nº 491. -25.11.1998.

5.Decreto do Gabinete de Ministros da República do Uzbequistão: Principais direcções da política de produção de sementes do Governo da República do Uzbequistão. -№328. - 19.09.1996.

6.Regulamentos sobre a atividade dos inspectores estatais no domínio da produção de sementes de plantas agrícolas // J.: Reprodução e Produção de Sementes. -1998. - №4. -C.29-31.

7. Abzalov M.F. Aspectos evolutivos e de reprodução da maturidade precoce e adaptabilidade do algodão nos estudos do Académico S.S.Sadykov. // Mat.mezhd.nauchn.prak.konfer.po 95 anos. desde o nascimento do Acad. S.S. Sadykov. - Tashkent: FAN.2005. C.12-13.

8. Abdullaev A.A., Saidaliev H., Khalmuradov A. Turlararo duragailashda guzaning chatishishish va chigit tugish kobiliyati // J.: Pakhtachilik. - Tashkent, 1996. C.7-9.

9. Abdullaev A.A. Historical aspects of the evolution of cotton early maturity. // Mat.mezhd.nauchn.prak.konfer. no 95º aniversário do nascimento de Acad. 95 anos desde o nascimento do Acad. S.S.Sadykov. - Tashkent: FAN.2005. C.5-9.

10. Abdullaev A.A., Klyat V.L., Rizaeva S.M. Evolutionary and historical aspects of natural and artificial selection for increasing the rapidity of cotton. // Mat.mezhd.nauchn.prak.konfer.posv. 95 anos. desde o nascimento do Acad. S.S.Sadykov. - Tashkent: FAN.2005. C. 9-10.

11.Avtonomov A.A. Seleção de variedades de algodão de fibras finas. - Tashkent: Fan. UzSSR. 1973. C. 144.

12.Avtonomov A.I., Davshan A.S., Rodimtsev I.M., Shafrin A.N. Mais uma vez sobre o cruzamento intra-variedade de algodão // Cultivo de algodão. 1965, №12. C.26-34.

13. Avtonomov V.A. Variabilidade e herdabilidade de caraterísticas em híbridos com formas selvagens e ruderais de algodão. Avtoref.dis...k.S.kh. ciências. - T.VNIISSKH,1983.-23 P.

14. Avtonomov V.A., Umbetaev I.A., Huseynov I.R. Análise genética de

caraterísticas que determinam a taxa de maturidade da espécie de algodão G.hirsutum L. // Mat. of Intern. Conferência Internacional Científica e Prática "Estado do melhoramento do algodão e da produção de sementes e perspectivas de desenvolvimento", dedicada ao 110.º aniversário do Académico A.I.Avtonomov, ao 80.º aniversário do Académico S.M.Mirahmedov e do Professor A.A.Avtonomov, bem como ao 65.º aniversário do Doutor em Ciências Agrícolas V.A.Avtonomov. - Tashkent. 2006. C.34-36.

15. Avtonomov V.A. Geographically distant hybridisation in selection of medium-fibre cotton varieties (Hibridação geograficamente distante na seleção de variedades de algodão de fibra média). - Tashkent: 2006. - C. 20.

16. Avtonomov V.A., Egamberdiev R. Inheritance of fibre yield in distant F1 hybrids of cotton G.barbadense L. //Mat.mezhd.nauchn.-practical conf. "State of cotton breeding and seed production and prospects of development", dedicated to the 110th anniversary of Academician A.I.Avtonomov, as well as the 65th anniversary of Doctor of Agricultural Sciences V.A.Avtonomov. - Tashkent. 2006. C.42-45.

17.Avtonomov Vik.A. Hibridação intra-específica geograficamente distante do algodão para resistência à murcha e à podridão negra da raiz. Dis.... doutor em ciências agrícolas sob a forma de relatório científico.-Tashkent.2010,-78C.

18. Avtonomov Vad.A. Resumo da tese de doutoramento. 1993. C.40.

19.Aleksandrov A. Produção de sementes de algodão // -Moscovo. -1962. C.11-12, 125.

20. Alexandrov V.B. Seleção darwiniana nas sementes, nas suas qualidades biológicas // Seleção e produção de sementes. - Moscovo.1937. - №8-9. - C.19-21.

21.Aleksandrov S.V. Produção de sementes de variedades de pepinos e tomates em estufa e em estufa. - Cultivo de vegetais em solo protegido. - Moscovo: Selkhogiz, 1958. - 251 c.

22.Alekseev R.V. Sobre as causas que afectam o peso e o tamanho das sementes de tomate e a relação destes indicadores com a produtividade da descendência // Proc. da Estação Experimental de Volgograd VIR. Estação Experimental de Volgogrado de VIR. - Volgograd. 1973. -C. 129-132.

23.Alekseev R.V., Churkina L.V. Produtividade da descendência de sementes de tomate de diferentes locais de reprodução nas condições dos Urais // Culturas de vegetais e melão. Edição 3 - Astrakhan, 1975. - C 194-195.

24. Alekhin A.G. Whether intrasort crosses in cotton seed production are justified // Cotton growing. 1966. №1. C.30-33.

25. Arkatova E.I., Malinina N.A. Para a questão dos cruzamentos intrasort// Cotton growing. 1966. №15. C.35-36.

26.Arkatova E.I. Produção - sementes de alta qualidade e de variedade pura // Zh.: Cultivo de algodão. - Tashkent, 1979. - №11. -C. 10-11.

27.Alibekov A., Novikov B. Seleção de sementes // Zh.: Agriculture of Uzbekistan. - Tashkent, 1972. - №2. - C.27-29.

28.Anikeev S.P. Climatic conditions // Science-based system of farming in Tashkent region of Uzbek SSR. - Tashkent, SAO VASHNIL, 1988. - C.4-11.

29. Aramov M.H. Centro científico de melhoramento e produção de sementes de culturas hortícolas no sul do Uzbequistão // Principais direcções e perspectivas do melhoramento e produção de sementes de culturas hortícolas, melão e batata: Resumos dos relatórios da conferência internacional científico-prática de 2-5 de julho de 2001. Tashkent-Termez, 2001. - C.3-8.

30.Asamov D.K. Beknazarov B.O. Influência de alguns compostos fisiologicamente ativos nas fases iniciais da germinação de sementes de algodão de diferentes períodos de armazenamento // Bases teóricas e práticas e perspectivas de desenvolvimento da criação de algodão e produção de sementes: Teses de relatórios da Conferência Internacional Científica e Prática - Tashkent, 2002. -C.106-108.

31. Abdullaev A.K. À pergunta sobre a colocação de diferentes variedades de algodão no território da República do Uzbequistão // Proc. de SANIGMI. - Tashkent, 1998. - Edição 158 (239). - C. 57-65.

32. Aidarov Sh.G. Especificação da escolha dos ramos frutíferos e localização das cápsulas no arbusto de algodão para melhorar a qualidade do material de semente // Materiais da Conferência Internacional Científica e Prática. - Tashkent, 2006. - C.207-208.

33. Azzi J. Ecologia Agrícola. Moscovo: Literatura Estrangeira, 1959. - C.354.

34. Alt V.V. Instrumentação e suporte de informação do complexo agroindustrial / V.V.Alt // Tecnologias de informação, sistemas de medição de informação no estudo de processos agrícolas: materiais da conferência regional científica e prática "AGROINFO-2000" (Novosibirsk, 26-27 de outubro de 2000) / Academia Russa de Ciências Agrícolas. Secção da Sibéria. - Novosibirsk, 2000. - CH.1 - P. 32-40.

35. Balashova N.N., Balashova I.T., Shatilo V.I. Mechanisms of interaction "genotype - environment" in plants // Current state and prospects for the development of breeding and seed production of vegetable crops. Simpósio Internacional 9-12 de agosto de 2005. Materiais de relatórios, mensagens. Vol.2. - Moscovo: VNIISSOK, 2005. - C. 43-77.

36. Baranov P.A. Sobre o papel formador do ambiente // Yarovizatsiya. - Moscovo. 1969. - №5-6. - C.35-37.

37. Berg R.L. Correlation Pleiades and Stabilising Selection. Aplicação de métodos matemáticos em biologia. - L.: Izvo LSU, 1964. - Vol.3. - pp.23-60.

38. Bereznyakovskaya A.V. Combinação de precocidade e tamanho da cápsula em híbridos de algodão. "Socialist Agriculture of Uzbekistan". 1959. № 12. C.43-46.

39. Bessonova T.B. Drought-resistant early maturing variety of spring barley Dinat. / T.B.Bessonova, D.L.Kozub // Genetic aspects of breeding in Kyrgyzstan: Collection of scientific works. - Frunze. 1986.

40. Bolshakov N.V. Improve the methodology and organisation of work in primary seed production // J.: Breeding and Seed Production. Tashkent, 1986. - №1. C.34-37.

41.Bolshakov N.V. et al. Some peculiarities of seed production organisation under frequent variety change // J.: Breeding and Seed Production. Tashkent, 1990. - №1. C.32-34.

42. Bocharnikova N.I. Recombinações no género LucopersiconTourn // Bases genéticas da seleção de plantas agrícolas. - Moscovo VNIISSOK, 1995. - C. 76-81.

43.Brezhnev D.D. Influência das condições ecológicas e geográficas na formação de propriedades e caraterísticas das plantas. No livro: Achievements in plant breeding. - Moscovo: Selkhogiz, 1958. - C.112-116.

44.Bazhanova A.P. Seleção de sementes dentro do arbusto de algodão G.barbadense, e a sua importância para aumentar o rendimento // ed. da Academia de Ciências do Turquemenistão SSR, Ashgabat, 1960. - №5. - C.19-20.

45.Berdimurodov T. Kozubaev S.S., Zokirov S.T. Influência do peso de 1000 peças de sementes de algodão nas qualidades de sementeira e rendimento // Bases científicas do desenvolvimento da cultura de algodão e de cereais nas explorações agrícolas: Materiais da conferência internacional científico-prática. - Tashkent, 2006. - C.467.

46.Buriev H.Ch., Zuev V.I., Kodirkhujaev O.K. Sabzavot ekinlari breeding, urugchiligi va urugshunosligidan amaliy mashgulotlar - Toshkent, Mehnat, 1997. - C.84-93.

47.Butkevich V.V. // Métodos e condições de melhoria da sementeira mat6erial. M., VNIISSOK, 1959. - C.15-16.

48.Butkevich C.B. Yielding qualities of tomato and pepper seeds grown under different conditions // Proceedings of the Moldavian Research Institute of Irrigated Agriculture and Vegetable Growing. - Kishinev, 1965. Vol. VII, vol. 1 - P.112-115.

49. Vavilov N.I. Revisão crítica do estado atual da teoria genética da criação de plantas e animais // Genetics. 1965. №1. C.20-40.

50. Vavilov N.I. A genética ao serviço da agricultura socialista. Ibid. 1966. M.: Kolos. C.262-287.

51.Varuntsyan I.S. Sobre os métodos de produção de sementes de algodão de elite (EUA) // Zh.: Cotton growing. - Tashkent, 1971. - №№6,7. - C.12.

52.Varuntsyan I.S. Sobre a produção de sementes de algodão // Vesti s/kh nauki. - Moscovo, - № 12 - P.87-90.

53.Vasiliev A.A. Sobre a preparação de sementes de algodão nuas para uma sementeira precisa // Zh.: Cotton growing. - 1962. - №10. -C21-22.

54.Vahennym K.G. Influência das condições de cultivo de sementes de culturas hortícolas e de raízes forrageiras nas qualidades das variedades: Tese do autor. Diss. Em coisk. Uch.st.st.kand.s/kh. sciences. - Tallinn: Instituto Agrícola da Estónia, 1955. - C.23.

55. Verkhoturtsev F.A., Khusanov R.H. Favourable zones of cotton sowing-. Produção de sementes // Coleção de Urug Sifatini oshirishning biologik va tekhnologik asoslari. - Tashkent, 1998. -C.19-20.

56.Verkhoturtsev F.A., Goldberg G.A. Fulfillment of seeds as an important selection criterion // Sb. Urug sifatini oshirishning biologik va tekhnologik asoslari. - Tashkent, 1998. -C.38-39.

57.Videnin K.F. Qualidade do grão e da colheita // Seleção e produção de sementes. - Moscovo, 1940. - №4. - C.20-21.

58. Gesos K., Ashirkulov A. Combination ability of varieties on fibre yield // Cotton growing. - Tashkent, 1986. №11. - C.29-30.

59.Gesos K.F. Nagymetov O. Carácter da herança da maturidade precoce e produtividade de híbridos ecologicamente geograficamente distantes e capacidade combinatória de variedades. Tashkent, 1987, - p 65-71.

60. Gulyaev G.V. Sobre métodos e técnicas de preservação de tipos de variedades na produção de sementes primárias // Reprodução e produção de sementes. - 1970 - №6 - C.40-44.

61. Gulyaev G.V., Dubinin A.P. Heterosis and its use in plant breeding // Breeding and seed production. - Moscovo: Agropromizdat, 1981. - C. 136-143.

62. Gulyaev G.V. Dictionary of terms on genetics, cytology, breeding, seed breeding and seed science. M.: Rosselkhozizizdat, 1983. - C. 240.

63.Goldberg G.A., Shpilevsky V.N. Seleção de sementes pela massa de panfletos // Zh.: Cotton growing. - Tashkent, 1983. - №9. C.36.

64. Goldberg G.A. Lomukhina G., Boltabaev H. Qualidade das sementes após seleção // Zh.: Algodão. - Tashkent, 1988. - №6. - C.37-38.

65. Goncharov P.L. Otimização do processo de reprodução. / P.L.Goncharov // Melhoria da eficácia do melhoramento e da produção de sementes de plantas agrícolas: relatórios e comunicações. VIII Escola de genética e melhoramento (11-16 de novembro de 2001) / RAAS. Secção siberiana do SibNIIRS. NSAU. - Novosibirsk. 2001. - C.5-16.

66. Guzhov Yu.L. Breeding and seed production of cultivated plants / Yu.L. Guzhov, A. Fuchs, P. Valicek. - M.: Mir, 2003. - C.536.

67. Darwin C. Origem das espécies // Ensaios T.3. M.: Selkhozizdat. -1939э. - C.350.

68. Darwin C. The action of cross-pollination and self-pollination in the plant

world. VOL.6. -M. 1952. C.339.

69.Derevitsky V.A. Sobre as inter-relações quantitativas de diferentes variedades de algodão nas culturas da Ásia Central. //Cotton business. 1929. №3. C.282-287.

70. Derevitsky V.A. Novel data in the field of variation statistics. Capítulos suplementares à tradução do livro de Johansen, Moscovo: Selkhozgiz, 1933.

71. Dobrutskaya E.G. Bases ecológicas da seleção e produção de sementes adaptativas de culturas hortícolas. Diss. No coisk. Uch.st. doutor em ciências agrícolas. -Moscovo: VNIISSOK, 1997. - C.10-11.

72. Dobrutskaya E.G. Fundamentação ecológica - a base da colocação zonal da produção de sementes // Potato and Vegetables. - Moscovo, 2004. - №2. - C.11-13.

73.Dospekhov B.N. Metodologia da experiência de campo // M.:, - 1985 - P.351.

74. Janikulov F. Estudo da produtividade e sustentabilidade do algodão. //Mat. Interd.nauchn.-prak.conf. "State of cotton breeding and seed production and prospects of development", dedicado ao 110.º aniversário do Académico A.I.Avtonomov, ao 80.º aniversário do Académico S.M.Mirahmedov e do Professor A.A.Avtonomov, bem como ao 65.º aniversário do Doutor em Ciências Agrícolas V.A.Avtonomov. - Tashkent. 2006. C.79-80.

75.Jafarov Sh. Influência das condições ambientais e das datas de colheita do algodão cru na qualidade das sementes // J.: Cotton growing. - Tashkent, 1980. - № 11. - C.30-31.

76. Dragovtsev V.A. Algoritmos de inventário ecológico e genético do pool genético e métodos de conceção de variedades de plantas agrícolas para rendimento, estabilidade e qualidade // - VIR, SPb.: 1994. - C.49.

77. Efimenko V.M. Increase of cotton fibre yield in the process of breeding and seed production. In V. Voprosy genetiki, breeding and seed production of cotton and alfalfa. - Tashkent: Nauka.1965. C.80-89.

78. Efimenko V.M. Cotton fibre yield. - Tashkent: Fan. 1976. C.109.

79. Yengalychev O.H. Maksudov E.Y. Capacidade de combinação em produtividade, maturidade precoce e herdabilidade dessas caraterísticas em híbridos de variedades ecologicamente distantes de algodão // Biologia Agrícola 1985, №-4, - p 22-28.

80.Eremenko L.L. On the diversity of mature carrot seeds in terms of embryo size. // Botanical Journal, v.10. - Moscovo, 1963. - № 48. - C.26-27.

81. Ergabulov J.E. Influence of intrasort crosses on variability of new varieties // Cotton growing. 1966. №4. C.27-28.

82. Zhalilov O.J., Adilov S. et al. Tipo de ramificação e peculiaridades de crescimento de ramos de frutos em camadas inferiores e médias // J.: Pakhtachilik va donchilik. - Tashkent, 1999. - №3. - C.4-6.

83.Zhuraev B.I., Abdalimov Sh. Qualidade da semente e rendimento do algodão // Bases teóricas e práticas e perspectivas de desenvolvimento do melhoramento do algodão e da produção de sementes: Resumos dos relatórios da Conferência Internacional Científica e Prática - Tashkent, 2002. - C.102-103.

84.Zhuraev S.T., Namazov S.E., Muratov A. Combination ability of medium-fibre cotton varieties in terms of early maturity. - Tashkent. 2007. - C.233-235.

85. Zhuchenko A.A. Genetics of tomatoes. - Kishinev: Shtiyintsa, 1973. - C. 664.

86.Zhuchenko A.A. Para os problemas de apoio científico da cultura de vegetais // Potato and Vegetables. - Moscovo, 2002. - №2. - C. 3-6.

87. Zhuchenko A.A. Ecological genetics of cultivated plants (adaptation, recombinagenesis, agrobiocenosis) / - Kishinev: Shtiyintsa, 1980. - P. 587c.

88 . Zhuchenko A.A. Adaptive plant breeding (ecological and genetic bases). - Kishinev: Shtiyintsa, 1990. - C. 432.

89. Zhuchenko A.A. Adaptive potential of cultivated plants (ecological and genetic bases). - Kishinev: Shtiyintsa, 1988. - C. 767

90. Zaitsev G.S. Cotton. Esboço botânico e agronómico. - M.: Centr.Upravleniye Upravleniye Predpriyatiya VSNKh da antiga União Soviética. 1925. C.54.

91. Zaitsev G.S. Cotton. - Tashkent. Л.1929. C.219.

92.Zaitsev G.S. Influência da temperatura no desenvolvimento do algodão // Proceedings of Turkestan breeding station - Issue 3. - M.-L.: Promizdat, 1930. - C.260.

93. Zakirov S.T. Seed quality management on the basis of ISO 9000 series standards // Materials of the International Scientific and Practical Conference. - Tashkent, 2006. - C.218.

94.Zakirov S.T., Kozubaev S.S. Melhoria do sistema de controlo da qualidade das sementes de algodão // Bases científicas do desenvolvimento do cultivo de algodão e cereais nas explorações agrícolas: Mat. da Conferência Internacional Científica e Prática - Tashkent, 2006. -C.470.

95. Ibragimov Sh.I., Verkhoturtsev F.A., Kozubaev Sh.S. Restabelecer a ligação interrompida entre a seleção, o ensaio de variedades e a produção de sementes // J.: Agriculture of Uzbekistan. -Tashkent, 1992. -№8-9. -C.3-5.

96.Ibragimov Sh.I., Verkhoturtsev F.A. Produção de sementes de algodão - organização clara // Zh.:Agriculture of Uzbekistan. -Tashkent, 1992. - №4-5. -C.3-5.

97. Ibragimov P.Sh., Berdimuradov T., Kozubaev S.S. Qualidades de rendimento do algodão dependendo do peso de 1000 peças de sementes // Bases teóricas e práticas e perspectivas de desenvolvimento de melhoramento e sementes de algodão: Teses de doc. de conferência científica e prática interdisciplinar - Tashkent, 2002. -C.100-102.

98. Ivanov E.A. Modification variability of yield properties of wheat seeds under

the influence of growing conditions.

99. Ignatov V.V. Sobre o estado e as perspectivas da produção de sementes primárias e de elite no norte do Cazaquistão e na Sibéria // Boletim de Produção de Sementes na CEI, 1998. - №3. C.26-29.

100.Iksanov M.I. Guza breeding serviceblarning samaradorligi tugrisida // J.: Pakhtachilik va donchilik. -Tashkent, 2000. - №1. C.21-23.

101. Iksanov M.I. Egamberdiev A.E., Ibragimov P.Sh. Questões iminentes de melhoria da produção de sementes de algodão // J.: Pakhtachilik va Donchilik. - Tashkent, 2001. -C.5-7.

102. Iksanov M.I. Qualidade da fibra das variedades e linhas mais recentes de algodão de fibra fina. // Mat.mezhd.nauchn.-prak. Conf. "Estado do melhoramento do algodão e produção de sementes e perspectivas de desenvolvimento", dedicado ao 110° aniversário do Académico A.I.Avtonomov, 80° aniversário do Académico S.M.Mirahmedov e do Professor A.A.Avtonomov, bem como 65° aniversário do Doutor em Ciências Agrícolas V.A.Avtonomov.- Tashkent, 2006. C.192-194.

103. Iksanov M.I. Seleção de variedades de algodão de fibras longas com os primeiros tipos de fibras. Estado e perspectivas do seu desenvolvimento no Uzbequistão. // Mat.mezhd.nauchn.-prak. Conf. "Estado do melhoramento do algodão e produção de sementes e perspectivas de desenvolvimento", dedicada ao 110° aniversário do Académico A.I.Avtonomov, 80° aniversário do Académico S.M.Mirahmedov e do Professor A.A.Avtonomov, bem como 65° aniversário do Doutor em Ciências Agrícolas V.A.Avtonomov.- Tashkent, 2006. C.194-196.

104 Instruções para a produção de sementes de elite e de primeira reprodução para 1937, 1938, 1940, 1945, 1950, 1963, 1967, 1981.

105. Islamov I.K. To the question of the nature of fibre yield in cotton // Actas do Instituto Agrícola do Tajiquistão. Instituto Agrícola do Tajiquistão. - Dushanbe, 1964. -C.48-61.

106.Yigitaliev M., Bekmuratova U. Reorganizar a produção de sementes de algodão // J.: Agriculture of Uzbekistan. -Tashkent, 1991. - №1. -C.4-5.

107.Imamaliev A. Bases científicas de altos rendimentos // J.: Cotton growing. - 1981. - №6. -C.6-7.

108.Kazantsev I.A. Restaurar o antigo método de trabalho de elite // Cultivo de algodão. 1966. №2. C.29-31.

109.Kanash S.S., Straumal B.P., Arutyunova L.G., Tribunsky A.N., Kratirov O.V., Tashlanov A.N. To the question of intra-variety crossing in cotton seed production // Cotton growing. 1965. №10. C.32-34.

110.Kakhkharov I.T. Correlação da caraterística de maturidade precoce com alguns indicadores de valor económico do algodão de fibra média // Aspectos evolutivos e de melhoramento da maturidade precoce e adaptabilidade do algodão e de outras culturas agrícolas: Mater. International Conference-Tashkent: Fan Academy of Sciences of ReS.Uzbekistan, 2005.-P.110.

111. Kakhkharov I.T. Bases genéticas do melhoramento de sementes na seleção e produção de sementes de variedades puras de novas variedades de algodão // Mat. da conferência científica e prática interdisciplinar - Tashkent, 2006. -C.221.

112. Kirichenko V.E. Influence of ecological conditions on the quality of tomato seeds: Author's Dissertation. Diss. Em coisk. Candidato de Ciências Agrícolas. - Kharkov, 1977. - C.21.

113.Kiseleva A.G., Chernysheva S.P. Posição injustificada // Cultura do algodão. 1966. №2. C.26-29.

114. Koloyarova L.F. Influence of cotton growing conditions on seed quality: Abstract of Candidate's thesis. - Tashkent, 1958. -C.22.

115. Koloyarova L.F. Cotton seed production in Uzbekistan. - Tashkent: Ministério da Agricultura da República do Uzbequistão. 1962. C.59-61.

116.Koloyarova L.F. Sobre os resultados do trabalho de melhoramento de sementes de elite com a variedade de algodão 108-F // Questões de genética, melhoramento e produção de sementes de algodão e alfafa. Edição 1. -Tashkent, 1965. -C.29-31.

117. Kokuev V.I. Genetics of cotton (Genética do algodão). Livro de referência sobre a cultura do algodão. - Tashkent: SoyuzNIIKhI. 1937. C.22-39.

118. Konoplya K.S., Konoplya S.P., Gurbangeldiev S. Reprodução para precocidade e tolerância a factores ambientais desfavoráveis. // Mat.mezhd.nauchn.-prak. Conf. Dedicada ao 95° aniversário do nascimento. 95 anos do nascimento do Acad. S.S.Sadykov. - Tashkent: FAN 2005. C.115-116.

119.Kratirov O.V., Akhmedov E.A. Sobre a mudança da variedade 108-F no processo de produção de sementes de elite// Cotton growing, 1965. №4. C.21-23.

120.Kratirov O.V. Seed production of cotton // Reference book on cotton growing. - Tashkent, 1981. -C.129-130.

121.Kratirov O.V. Principais causas e consequências da redução da pureza varietal // Zh.:Cotton growing. -Tashkent, 1987. -№3. -C.7-12.

122.Kratirov O.V. Abordagem científica ou o que representa um novo método // Zh.: Algodão. -1988. - №4. -C.31-33.

123. Kurepin Yu, Imamaliev A. Critérios de homogeneidade de variedades // Zh.:Cotton. -1988. - №4. C.40-43.

124.Kozubaev Sh.S. Ordem de multiplicação de sementes de elite no Uzbequistão e no estrangeiro // J.: Uzbekiston kishlok khuzhaligi. - Tashkent, 2002. - №2. -C.20-23.

125.Kozubaev S.S., Abdullaev F.A. Critérios de capacidade de proteção de novas variedades de algodão // Teses de relatórios da conferência internacional científico-prática. - Tashkent, 2002. -C.62-65.

126.Kozubaev Sh.S. Estimulação da venda de sementes e variedades // Teses de relatórios da conferência internacional científico-prática. - Tashkent, 2002. -C.91-93.

127. Kozubaev S.S., Amanturdiev A.B., Shpilevsky V.N. Certificação de variedades de sementes // Teses de relatórios da conferência internacional científico-prática - Tashkent, 2002 - P.93-96.

128.Kozubaev S.S. et al. Introdução de novos métodos de produção de sementes pré-elite e elite. Maneira de preservar e melhorar as qualidades varietais e de rendimento de variedades de algodão multiplicadas // Teses de relatórios da conferência internacional científico-prática. - Tashkent, 2002. -C.98-99.

129.Kozubaev S.S. et al. Low-flowered seeds and precision sowing of cotton // Teses de relatórios da conferência internacional científico-prática. - Tashkent, 2002. - C.100-102.

130.Kozubaev S.S. et al. Qualidades de rendimento do algodão em função do peso de 1000 sementes // Teses de relatórios da conferência internacional científico-prática. - Tashkent, 2002. -C.109-110.

131.Kozubaev S.S., Nazarov R.S., Ibragimov P.S. Colocação de variedades de algodão em diferentes agrocenoses da República do Uzbequistão // Teses de relatórios da Conferência Republicana Polymers-2002. - Tashkent, 2002. -C.8.

132.Kozubaev Sh.S. Colocação de variedades com base científica - uma maneira real de melhorar a qualidade e o rendimento do algodão // Tashkent, 2003. -C.103-104.

133.Kozubaev S.S., Amanturdiev A.B., Zakirov S.T. Proteção e certificação de variedades de reprodução // J.: Uzbekiston kishlok khuzhaligi. - Tashkent, 2003. -№8. -C.19-20.

134.Kozubaev S.S. et al. Nova metodologia de produção de sementes de pré-elite e elite - como uma importante reserva de preservação da tipicidade da variedade de algodão com redução do custo de produção // Teses de tópicos da conferência científico-prática internacional. - Tashkent, 2003. -C.56-58.

135.Kozubaev Sh.S. Produção de sementes: estado e perspectivas. // J.: Uzbekiston kishlok khujaligi. - Tashkent, 2004. -№3. -C.11-12.

136. Kozubaev S.S. et al. Problemas da produção de sementes no Uzbequistão durante a transição para o mercado. // Uzbekiston Bugdoy breeding, Urugchiligi va etishtirish tekhnologii siga bagishlangan birinchi milli tuplami conference. - Tashkent, 2004. -C.64-66.

137.Kozubaev Sh.S. Varietal purity and seed renewal // J.: Uzbekiston kishlok khuzhaligi. - Tashkent, 2004. -№5. -C.17-18.

138.Kozubaev Sh.S. Guzaning original uruglari // Zh.: Uzbekiston kishlok hujaligi. - Tashkent, 2004. -№10. -C.10-11.

139.Kozubaev S.S. Principais tarefas de comercialização de sementes de sementeira // Uzbequistão. Conferência Bugdoy breeding, Urugchiligi va etishtirish tekhnologiiga bagishlashgan birinchi milli tuplami. - Tashkent, 2004. -C.274-276.

140.Kozubaev S.S. Formação do mercado de sementes agrícolas // Bozor islohotlari ITI: Coleção de teses - Tashkent, 2004. -C.30-32.

141.Kozubaev S.S. et al. Variabilidade da qualidade das sementes - realidade objetiva // J.: Uzbekiston kishlok khuzhaligi. - Tashkent, 2005, No.1. -C.12-13.

142.Kozubaev S.S., Rashidova S.S. Capsulation as a reserve for improving seed quality // J.: Uzbekiston kishlok hujaligi. - Tashkent, 2005. -№10. -C.10-14.

143.Kozubaev Sh., Rashidova D., Rakipov V., Rafikov D. Diversidade de sementes - realidade objetiva. // Uzbekisto kishlok khujaligi. - Tashkent, 2005. - №1. - C.12-13.

144.Kozubaev S.S., Isaev R.S., Rashidova D.K., Shpilevsky V.N., Turabkhodjaeva M.. Influência de diferentes componentes minerais na umidificação pré-semeadura de sementes na germinação e rendimento do algodão // Bases científicas do desenvolvimento do cultivo de algodão e cultivo de grãos em fazendas: Mater. de interd. conferência científica e prática - Tashkent, 2006. -C.477.

145. Kuziboev S.S., Mamarakhimov B.I. Monografia. Guza urugchiligini takomillashtirish omillari. - Tashkent, 2013. -C.22.

146.Kozubaev S.S.. B. Mamarakhimov, G. Abduvokhidov Aperfeiçoamento da metodologia de produção de sementes de elite de algodão. // Uzbekiston pakhtachiligini rivozhlantirish istikbollari. - Tashkent, 2014. - C.262-265.

147. Shukhrat Kozuboev, PhD, Bunyod Ikromovich Mamarakhimov e outros. Variability of Agronomic Traits in Multiple Self-Pollinations. // Actas do Fórum Internacional de Inovação de Tashkent. TIIF-2015. P. 289-293.

148.Kondratyeva I.Yu. Tomates para a faixa central da Rússia. - Moscovo. 2003. - C.115.

149.Konstantinov P.N. Influência dos locais de reprodução na produção de sementes e princípios de fornecimento de sementes a uma parcela de variedades. // Seleção e produção de sementes. - Moscovo, 1956. - №5. - C.33-36.

150. Kravchuk V.Ya., Pivovarov V.F., Dobrutskaya E.G. Influência de diferentes condições ecológicas e geográficas da reprodução de sementes de vegetais na sua qualidade na descendência. // Coleção de artigos científicos de VNIISSOK. - Moscovo, 1987. - C.29-33.

151.Kravchuk V.Ya. Variabilidade e herança do rendimento do tomate em função das zonas ecológicas de cultivo. // Coleção de artigos científicos de VNIISSOK. - Moscovo, 1994. - C.17-19.

152.Krasochkin V.T. Sobre a zonalidade na produção de sementes de culturas hortícolas. // Materiais da reunião sobre troca de experiências no cultivo de altos rendimentos de hortaliças com a participação de representantes dos países da democracia popular. - Moscovo: Selkhogiz, 1958. - C.101-105.

153.Christidis S.B. Problemas de cultivo de algodão // M.: IL, 1959. -C.686.

154. Krug G. Ovoshchevodstvo. - Moscovo: Kolos, 2000. - C.108-112.

155.Kariev A.A., Sultanova Y.M. et al. Varietal specificity of cotton responsiveness to mineral nutrition // Bases teóricas e práticas e perspectivas de desenvolvimento do melhoramento do algodão e da produção de sementes: Proc. da Conferência Interdisciplinar Científica e Prática - Tashkent, 2002. Tashkent, 2002. - C. 108-109.

156. Kim R.G., Khozhambergenov N. Cotton earliness and its interrelation with morpho-economic traits // Theoretical and practical bases and prospects of development of cotton breeding and seed production: Proc. of Interdisciplinary scientific and practical conference. Conferência Internacional Científica e Prática - Tashkent, 2002. -C.87-89.

157.Kim N.A. Boa família - boa tribo // Cultura do algodão. 1965. №12. C.34-35.

158. Kuptsov A.I. Elements of general plant breeding. Novosibirsk:, Nauka Sib.otd. 1971. - C.373.

159. Kovalev V.M. Theoretical bases of optimisation of crop formation. - M.: TSKHA, 1997. - C.284.

160. Programa complexo "Semkhlopok" da RSS do Usbequistão para 1988-1990. - Tashkent, 1988. -C.48.

161. Kushaliev A., Avtonomov V.A., Khalmanov B., Egamberdiev R., Normuradov D., Burieva M. Economic-valuable traits in selection of medium-fibre cotton. // Mat.mezhd.nauchn.-prak. Conf. "Estado do melhoramento do algodão e produção de sementes e perspectivas de desenvolvimento", dedicado ao 110º aniversário do Académico A.I.Avtonomov, 80º aniversário do Académico S.M.Mirahmedov e do Professor A.A.Avtonomov, bem como 65º aniversário do Doutor em Ciências Agrícolas V.A.Avtonomov.- Tashkent, 2006. C.97.

162.Kuchkarov S.K., Janikulov B., Saburov S. Qualidades de colheita de sementes de melão dependendo da área de alimentação das plantas parentais, seu cultivo. // Actas do Instituto de Investigação de culturas hortícolas e de melão e batatas. Edição XI. Questões de criação, produção de sementes e agrotecnia de culturas de legumes e melão e batatas no Uzbequistão. - Tashkent, 1974. - C.43-48.

163.Lazarev A.V. Influência das condições agro-ecológicas na produtividade das sementes de couve de Pequim. // Batatas e legumes. -Moscovo, 2004. - №7. - C.31.

164. Larionov Y.S. Competição e relações intergenotípicas no trigo de primavera, seu significado para a seleção // Biologia Agrícola. -1983. - №9. - C. 3-8.

165. Larionov Yu.S. Questões de produção de sementes de culturas de cereais

(Teoria e prática) / Yu.S.Larinov. - Kurgan, 1992. - C. 162.

166.Larionov Y.S. Metodologia de avaliação das propriedades de rendimento de sementes de cereais e sua breve fundamentação // Formas de melhorar a eficiência da produção agrícola: coleção de artigos científicos. -Chelyabinsk, Chelyab. GAU, 1998. - C.69-76.

167. Larionov Y.S. Estimativa das propriedades de rendimento e do potencial de rendimento de sementes de culturas de cereais. -Chelyabinsk, Chelyab. GAU, 2000. - C.100.

168. Larionov Y.S. Theoretical bases of modern seed production and seed science. - Chelyabinsk: Chelyab. GAU, 2003. - C. 364.

169. Larionov Y.S. Management of variety adaptability / Y.S. Larionov, L.M. Larionova, E.P. Novokreshchinov - Chelyabinsk: Chelyab. GAU, 2004. - C. 301.

170. Leyshram D.K. Genetic analysis of morphological and economically valuable traits in interspecific hybridisation of low-growing varieties of G.hirsutum L.and G.barbadense L.Avtoref. diss. candidate of S.Kh.N. Tashkent 1984.

171. Ludilov V.A. Produção de sementes de culturas hortícolas e de melão. - Moscovo: Agroproimzdat, 1987. - C.15-26.

172. Ludilov V.A. Tirar o sector da produção de sementes da crise. // Batata e legumes. - Moscovo, 2004. - №2. - C.5-7.

173.Lukyanenko P.P. Seleção por peso específico como método para aumentar as qualidades de rendimento das sementes. // Seleção e produção de sementes. - Moscovo, 1940 - № 3. - C. 16-18.

174.Lychko G.P. Qualidades produtivas de sementes de diferentes inflorescências em variedades de tomate de estufa. // Coleção de trabalhos científicos. - VNII de seleção e produção de sementes de culturas hortícolas. - Moscovo, 1985. Vyp.21. - P.33-38.

175. Madrakhimov I.H., Khasanov H.E., Akhmedov J.H., Sharipov Sh.T. Estudo das qualidades de sementeira de sementes de variedades novas e promissoras de algodão // Bases teóricas e práticas e perspectivas para o desenvolvimento da criação e produção de sementes de algodão: Teses de relatórios da Conferência Internacional Científica e Prática - Tashkent, 2002. -C. 103.

176. Mazo E.Z. Salvar os cruzamentos intra-variedades // Cultura do algodão. 1966. №1. C.33-35.

177 . Makaro I.A. Aumento das qualidades de sementeira de sementes de culturas hortícolas. - Moscovo, 1966. - C.121-123.

178 .Maletsky S.I. Formas epigenéticas e sinérgicas de herança de caraterísticas reprodutivas em plantas cobertas. Epigenética de plantas: coleção de artigos científicos. - Novosibirsk: ICIG SB RAS, 2005. - C. 54-86.

179.Meredov Ya. Brief history and current state of cotton seed production in the

USSR: Collection of scientific works. Ashgabat: Ylym, 1976. Vyp14. C.80-90.

180. Meredov Y., Meretkuliev B, Jumaev I. Um novo método de produção de sementes de elite e primeira reprodução // J.: Algodão, 1988. - № 4.-C.29-31.

181.Mirjuraev M. Propriedades tecnológicas da fibra de variedades e híbridos de algodão em diferentes condições de cultivo. Tese do autor. Cand.diss. Tashkent. 1966.

182. Muminov K., Egamberdyev R., Mamarakhimov B. Diferença de caraterísticas morfo-económicas de sementes da variedade C-6524 obtidas de diferentes explorações de sementes de elite da república. // Agro Ilm 4[20] filho, 2011.

183. Muminov K.H., Egamberdiev R.R., Mamarakhimov B.I., Shpilevsky V.N. Resultado da reprodução de sementes da variedade de elite Bukhara-6 obtidas em diferentes explorações de elite. // Zhakhon andozalaririga mos guza va beda navlarini yaratish istikbollari. Tashkent, 2012. C.336-339.

184.Muratov A., Namozov S.E. Relação e papel das substâncias gordas na formação da estrutura da fibra de variedades de algodão de fibras finas e médias de diferentes maturidades. / / / Va boshka kishlok khujalik ўsimliklari evolutionary va breeding kirralari nomli halkaro ilmiy conf. materials.- Toshkent: Fan, 2005. - C.116-117.

185. Musaev D.A., Almatov A.S., Saidkarimov A.T., Bekmukhamedov A., Khayitova Sh. Herança da pubescência das sementes e do rendimento de fibras em linhas da coleção genética de algodão. // Mat.mezhd.nauchn.-prak. Conf. 95 anos desde o nascimento do Acad. S.S.Sadykov. - Tashkent: FAN 2005. C.106-108.

186.Mukhamedjanov M.V. Sobre a triagem de sementes de algodão por peso específico // Zh.:Cultivo de algodão, 1964. - №8. -C.20-23.

187. Mukhamedjanov M.V., Soloviev V.P., Ibragimov S.I. Sementes de alta qualidade - a base de altos rendimentos de algodão // Fundamentos da intensificação da quimicalização da produção agrícola no cultivo de algodão irrigado: livro da Editora "Nauka" - Tashkent, 1965.-S.89-91.

188.Mukhin V.D. Sobre a preparação de material de sementes de alta qualidade de culturas hortícolas. // Seleção e produção de sementes. - Moscovo, 1977 - P.6.

189.Mukhin V.D. Caraterísticas do material de plantação e sementeira. Cultura de legumes. - Moscovo: Kolos, 2003. - C.103-112.

190. Mamarakhimov B.I. The state of modern seed production // Akhborotnomasi Vestnik of Karakalpak branch of ANRUz. 2012. Nukus, No.2. C.36-39.

191. Mamarakhimov B.I., Shpilevsky V.N. et al. Programa informático para a rejeição de material de elite // Zhakhon andozalaririga mos guza va beda navlarini yaratish istikballari. - Tashkent, 2012. -C.110-112.

192. Mamarakhimov B.I. Guzaning elita urugini etishtirishda yakka tanlov olish

tartibi. // O'zbekiston Qishloq Xo'jaligi № 8. 2012. C. 15-16.

193. Mamarakhimov B.I., Kuziboev S.S. Elita urugchilik ishlarini olib borish serviceblari. // O'zbekiston Qishloq Xo'jaligi. n.º 5 2012. C. 25.

194. Mamarakhimov B.I. Seleção modal e seleção no complexo de caraterísticas na formação da nova variedade de elite. - Tashkent, 2012. Agro Ilm. n.º 2[22]. -C.8-9.

195. Mamarakhimov B.I. Guzaning birlamchi urugchiligi. // Khorazm Mamun Academyasi Akhborotnomasi .2012. C.20-23.

196. Mamarakhimov B.I. Guza navlarini zhoilashtirish va uning elite urugchiligi. // Khorazm Mamun Akademiyasi Akhborotnomasi. 2012. C.23-25.

197. Mamarakhimov B.I., Shpilevsky V.N. Monografia. Desenvolvimento e perspectivas da produção de sementes de algodão no Uzbequistão.// Tashkent. 2015.C.83.

198. Bunyod Ikromovich Mamarakhimov // Genetic Heterogeneity of Elite Materials of Commercial Varieties of Cotton in Nurseries (Heterogeneidade genética de materiais de elite de variedades comerciais de algodão em viveiros). Actas do Fórum Internacional de Inovação de Tashkent. TIIF-2015. P. 298-300.

199.Nazarov R.S. Cultivo de algodão nos EUA // Zh.: Algodão, 1992. -№3. - C.8-12.

200.Nazarov R.S. Algodão em Israel // Zh.: Algodão, 1992. -№1. C.45-46.

201. Nazarov R.S., Ibragimov P., Kozubaev Sh. Colocação de variedades de algodão em diferentes agrocenoses da República do Uzbequistão // Polymerlar-2002: Resp. Anjum. Tuz. tup. - 2002. -C.8.

202. Nazarov R.S., Murtalibov M., Mamarakhimov B. Estado e perspectivas do melhoramento do algodão na República do Uzbequistão // Uzbekistan Cotton and Textile Review. Tashkent, 2012. - C. 16-17.

203.Narimanov A.A., Kotov A.I. Semear sementes nuas - não há alternativa // Zh.: Agricultura do Uzbequistão. -Tashkent, 1993, No.2. -C.4-6.

204.Narimanov A.A., Nugmanov R.Sh. et al. Variedades-Uzbequistão, campos-Cazaquistão, problemas-comuns // J.: Agricultura do Uzbequistão. -Tashkent, 1993. - C.6-9.

205.Narimanov A.A. Guza urugchiligi muammolarini mazhmuaviy usulda khal kilish// Uzbekiston dehkonchilik sanoat mazhmuining ilmiy talimoti. - Tashkent, 1995. - C. 437-442.

206. Narimanov A.A. Uruglarni certificatsiyalash yulida // J.: Pakhtachilik va donchilik. -Tashkent, 1997. -№3. -C.18-21.

207.Narimanov A.A., Uzakov Y.F. Apoio científico à produção de sementes // Urug sifatini oshirishning biologik va tekhnologik asoslari. -Tashkent, 1998. -C.17-18.

208.Narimanov A.A., Verkhoturtsev F.A. Urugulikni yukori unish energisi tula konli kuchatlar undirib olish garovi va uruglik uchun kulai mintakalar tanlab olishdir // J.: Pakhtachilik va donchilik. -Tashkent, 1998. -№4. -C.12-15.

209. Narimanov A.A. Mechanism of synthesis and replenishment of nutrients in seeds in interrelation with the mechanism of their germination. Em Urug sifatini oshirishning biologik va tekhnologik asoslari. - Tashkent. 1998. C.37-38.

210. Narimanov A.A., Verkhoturtsev F.A. Produção primária de sementes de algodão: problemas, pesquisas, soluções // Zh.: Agriculture of Uzbekistan. -Tashkent, 1999. -C.51-52.

211. Narimanov A.A. Monografia. 2000. C.146.

212. Narimanov A.A. A alta vitalidade das sementes como um fator importante para a sua germinação completa // Fan. -Tashkent, 2000 -S.148.

213.Narimanov A.A. Apoio científico e metodológico da renovação varietal // Zh.: Agrarnaya nauka, Moscovo, 2002. - №1. -C.20-21.

214. Narimanov A.A. Alta vitalidade das sementes. // Sementes. Moscovo. 2002. № 13. C.24-26.

215. Narimanov A.A. Formas de introdução de relações de mercado e eficiência económica na produção de sementes // Materials of International Scientific and Practical Conference. - Tashkent, 2006. -C229-230.

216.Nenakhov I.F. Cotton seed production on an industrial basis // Cotton growing. -1979. -№ 7. -C.5-7.

217.Nikitenko G.F. Bases biológicas da produção de sementes de culturas de grãos, algumas questões de teoria e prática // M.: 1980. -C.231.

218. Novolotskiy V.D. Resultados da criação de cevada com haplodia. Melhoramento da cevada e da adaptabilidade com o objetivo de aumentar e estabilizar o rendimento: coleção de trabalhos científicos. - Odessa: VSGI, - 1990.

219. Ovcharov K.E. Diversidade de sementes e produtividade das plantas // Kolos, M.: 1966. -C.160.

220.Ovcharov K.E., Kizilova E.G. Variedade de sementes e produtividade das plantas. - Moscovo: Kolos, 1966 - P. 106-116.

221.Ovcharov K.E. Como vive o algodoeiro // Zh.:Uzbequistão. - Tashkent, 1974. - C.98.

222. Relatórios do CCSHS para 1937-1991.yu

223.Pantileev Y., Smirnov I., Turbina V., Aumento da germinação de sementes no campo. // Batata e legumes . - Mos qua, 1971. - №12. - C.18-19.

224.Patron P.I. Intensive vegetable growing in Moldavia. Kishinev: Carta Moldavonesca, 1985. - C.177-179.

225.Pivovarov V.F., Dobrutskaya E.G. Utilização do fator ecológico e geográfico na seleção de culturas hortícolas. // Coleção de trabalhos científicos. - Moscovo, VNIISSOK, 1987. - C.24.

226.Pivovarov V.F., Kravchuk V.Ya. Determinação da capacidade de adaptação e estabilidade do rendimento de novas variedades em testes ecológicos. // Coleção de artigos científicos. - Moscovo, VNIISSOK, 1988. - C.26.

227. Pivovarov V.F., Lebedeva A.T. Growing seeds on a homestead plot. - Moscovo: Kolos, 1995. - C.78-79.

228. Pivovarov V.F., Mamedov M.I., Bocharnikova N.I. Paslenovye crops: tomato, pepper, aubergine, physalis. - Moscovo, VNIISSOK, 1997. - C.30-70.

229.Pivovarov V.F., Balashova N.N., Balashova I.T. Desenvolvimento de direcções prioritárias de criação e produção de sementes de culturas hortícolas. // Relatórios da conferência científico-prática. "Estado dos problemas e perspectivas da horticultura, melão e batata na República do Uzbequistão". 15 de agosto de 2003, Tashkent, MAWR, 2003. - C.26-34.

230.Prokhorov I.A., Kryuchkov A.V., Komissarov V.L. Bases teóricas da produção de sementes de culturas hortícolas. // Seleção e produção de sementes de culturas hortícolas. - Moscovo: Kolos, 1997. - C.304-325.

231.Popov P.V., Daminova D.M. Conjugação da resistência à murchidão e duração do período de vegetação em diferentes meios de infeção. // Mat.mezhd.nauchn.-prak. Conf. 95 anos desde o nascimento do Acad. S.S.Sadykov. - Tashkent: FAN 2005. C.120-121.

232.Rakhimov H.R., Rudenko L.S. Ciência das sementes de algodão // Izd. Fan. -Tashkent, 1976. -C.167.

233. Rakhimov H.R., Kashkarova Z.Y. Narimov S. Produção de sementes e ciência de sementes de algodão no Uzbequistão // -Tashkent, 1991. -C28.

234.Remidovsky Y.I. Cultivo de algodão nos EUA // -Tashkent, 1973. -C.67.

235.Rudenko L.S. Qualidade da semente e produtividade da prole // Zh.: Cultivo de algodão, 1973. - №10. -C.33-35.

236. Rashidova D.K., Mamarakhimov B.I., Shpilevsky V.N. Semear com sementes encapsuladas - uma forma de aumentar o fator de multiplicação das sementes. // Uzbekiston pakhtachiligini rivozhlantirish istikbollari. - Tashkent. 2014. -C. 274-278.

237.Rubtsov M.I.. Variedade de sementes de plantas hortícolas e sua utilização na produção de sementes. // Materiais da conferência científica sobre os problemas de genética, melhoramento e produção de sementes de plantas. - Gorki, 1969. -C.6-7.

238. Sadykov P.T. Carácter da variabilidade da precocidade e da produtividade dos híbridos intervarietais de algodão em função das caraterísticas biológicas e das condições do seu cultivo. Avtoref. Diss. K.S.Kh.N. Tashkent, 1966. -24 C.

239. Saidaliev H. Gossypium avlodining tur hilma-hilligi va uning breeding-genetic izlanishlardagi ahmiyati. // Mat.mezhd.nauchn.-prak. Conf. "Estado do melhoramento do algodão e da produção de sementes e perspectivas de

desenvolvimento", dedicada ao 110º aniversário do Académico A.I.Avtonomov, ao 80º aniversário do Académico S.M.Mirahmedov e do Professor A.A.Avtonomov, bem como ao 65º aniversário do Doutor em Ciências Agrícolas V.A.Avtonomov.- Tashkent, 2006. C.19-22.

240. Saidkarimov A.T., Fork tolerance of early maturing introgressive lines of cotton genetic collection (Tolerância ao garfo de linhas introgressivas de maturação precoce da coleção genética do algodão). Conf. 95 anos do nascimento do Acad. S.S.Sadykov. - Tashkent: FAN 2005. C.130-132.

241.Seyidaliev N.Ya. Produção de sementes primárias de variedades de algodão // Bases teóricas e práticas e perspectivas de desenvolvimento da criação de algodão e produção de sementes: Tashkent, 2000. -C.89-90.

242.Semenchenko V.P. Mudança de traços econômicos dependendo do local de reprodução // Zh.:Cultivo de algodão, 1964. -№12. -C.31.

243.Sirota S.M. Para racionalizar o mercado de sementes de hortícolas. // Batata e legumes. - Moscovo, 2005. - №1. - C.4-7.

244.Simongulyan N.G. Sobre a genética da maturidade precoce do algodão // Cotton growing, 1968 № 2 -S.17-20.

245.Simongulyan N.G. Uzakov Y.F. Herança de elementos de precocidade e reação fotoperiódica em híbridos de formas anuais com formas perenes // Genetics, 1969, vol. b. p 24-31.

246. Simongulyan N.G. Problems of early maturity in cotton breeding. - Tashkent: 1971. - 221 C.

247. Simongulyan N.G. Problem of early maturity in cotton breeding (Problema da maturidade precoce no melhoramento do algodão). - Tashkent: FAN.1971. C.22.

248. Simongulyan N.G. Combination ability and inheritability of cotton traits (Capacidade de combinação e herdabilidade de caraterísticas do algodão). - Tashkent: FAN. UzSSR. 1977. C.140.

249. Simongulyan N.G. Genetics of quantitative traits of cotton (Genética de caraterísticas quantitativas do algodão). - Tashkent: Fan, 1991. -124 C.

250. Sprague D.F. Maize breeding. O milho e o seu melhoramento. Moscovo: Izd-wo foreign lit., 1957. - C. 163-222.

251. Stoletova E.A. Trigo mourisco - M.: Selkhozgiz, 1952. - C.179.

252. Straumal B.P. Breeding of early-ripening and high-yielding cotton varieties. // Economia Nacional do Uzbequistão. 1961. - № 7, - C .34-36.

253. Strona I.G. . Divergência de sementes de culturas arvenses e sua importância na prática de shmenovodcheskiy. - Moscovo: Kolos, 1964. - C.21-25.

254.Tadjiev K.M. Eficiência de sementes de algodão nuas em Surkhandarya Viloyat // Problemas de desenvolvimento do cultivo de algodão e produção de grãos: Thes.doc. da conferência científica e prática interdisciplinar - Tashkent, 2004. -C.110-

112.

255.Ter-Avanesyan D.V. Role of insects in cross-pollination of cotton // Dokl. VASKHNIL. vol.1. - 1950. -C.26-30.

256. Ter-Avanesyan D.V. History of Cotton Growing// Cotton, M.: Kolos, 1973. C.5.

257. Ter-Avanesyan D.V. Algodão // Algodão, M.: Kolos, 1973. C.483.

258.Tolmachev V.B. Eficiência de cruzamentos intrasort // Cultivo de algodão, 1966. №1. C.35-38.

259. Turabkhodjaeva M., Kozubaev S.S., Mamarakhimov B.I. et al. Estudo e melhoria dos padrões de sementes de culturas. // Tashkent. Agro Ilm. C.19-20.

260. Terentyev P.V. Método de correlação de pleiades. Vesti. Leningr. Un-ta. - 1959. - № 9.C.137-141; 191-240.

261. Umbetaev I. Novas variedades de algodão e o estado da produção de sementes na República do Cazaquistão // Bases científicas da criação de algodão e grãos em fazendas: Mat. de interd. conf. científico-prático - Tashkent, 2006. -C.104-106.

262. Umbetaev, A.Kostakov, B.Mamarakhimov, Sh.Kozubaev/ Sobre a utilização da seleção modal para a estabilização das espécies de algodão na indústria de sementes. Ciência e Mundo. Revista científica internacional. №7 (23), 2015. P. 55-57.

263. Ushakova E.I. Tarefas do trabalho de seleção de sementes com culturas hortícolas. - Moscovo: MUH, 1958. - C.187

264.Fursov V.N. Seed production of new varieties // Experimental mutagenesis and creation of initial breeding material of fine fibre cotton. Ashgabat: Ylym, 1981. C.186.

265.Khoja-Ahmedov E.Y. Inheritance of some economicically valuable traits. // Issues of genetics, breeding and seed production of cotton. - Tashkent, 1991. - C.3-6.

266. Shevelukha V.S. Plant growth and its regulation in ontogenesis. - M.: Kolos, 1992. - C.594.

267. Shuin K.A. Peculiaridades da formação do rendimento das culturas hortícolas em diferentes zonas climáticas. // Coleção de artigos científicos da Academia Agrícola de Gorki. - Gorki, 1967. - C.14-17.

268.Tsyba A. Produção de sementes de algodão para um nível adequado // Zh.:Cultivo de algodão, 1983. -№2. -C.7-11.

269. Chub V.E. Natural-resource potential of the Republic of Uzbekistan. // Mudanças climáticas e seu impacto no potencial de recursos naturais da República do Uzbequistão // -Tashkent: Departamento Principal de Meteorologia sob CM Roosevelt, 2000. -C.5-38.

270. Chulkina, V.A. Método agrotécnico de proteção de plantas / V.A. Chulkina,

E.Y. Toropova, Y.I. Chulkin, G.Y. Stetsov - M.: IVC "Marketing", Novosibirsk: LLC "Izd-vo YUKEA", 2000. - C. 336.

271.Egamberdiev A.E. Espécies selvagens de algodão - dadores de qualidade de fibra e resistência à murchidão. // DAN. UzSSR. 1979, № 8, c 66-57.

272.Egamberdiev A.E., Matchanov R. Cotton growing in Israel // J.Cotton. - Tashkent, 1991. -№3. -C.17-21.

273.Egamberdiev A.E. Desenvolvimento da criação e produção de sementes de algodão na República do Uzbequistão // J.:Cotton growing. -Tashkent, 1993. -№4-6. - C.3-7.

274. Egamberdiev A.E., Ibragimov P.Sh., Ziyatov 3.3., Solihodjaev N.. Variedades distritais no Uzbequistão // Tashkent, 1999. -C.38-40.

275.Egamberdiev A.E. Papel da hibridação complexa no melhoramento de caraterísticas valiosas para a seleção do algodão // Bases teóricas e práticas e perspectivas de desenvolvimento do melhoramento do algodão e da produção de sementes: Tese Dokl. - Tashkent, 2002. -C.89-90.

276.Yuryev V.Ya., Kuchumov P.V. As ideias de Michurin na seleção de culturas de campo // A doutrina de Michurin - ao serviço do povo. - Moscovo: Selkhozizdat, 1955. Vyp.1. - C.11-15.

277. AVRDC - Asian Vegetable Research and Development Centre // Vegetable production training manual. - Taipei: AVRDC, 1990. - Pub. № 90-328. - P.447.

278. Ahmed S.V., Saha H.K., Sharafuddin A.F.. Study of heterosis and correlation in tomato // Thai. J. Arg. Sc, 1988 - V.21. - No.2. -P.117-123.

279. Buriev H.Ch. Situação, problemas e perspectivas de desenvolvimento da produção de batata, legumes e melão no Uzbequistão // Vegetable Production in Central Asia. Status and Perspectives/ Worshop Proceedings 13-14 de junho de 2003. - Amaty, Cazaquistão: AVRDC/ The World Vegetable Centre, 2003. - P.117-128.

280. Carlos Augusto Avila, James Mac Stewart, Robert T. Robbins. Transferência da resistência ao Nematoide Reniforme de espécies diplóides de algodão para o algodão cultivado tetraploide. Conferência do Cotton Beltwide, EUA, 2005.

281 .Fang M.R., Mao R.C., Xie W.H.. Criação de linhas citoplasmáticas estéreis de berinjela. Actf Hortic. Sci. 1985. - P.12, 261.

282. Farkas J. Breeding for tomato fruit quality // Ata hortic. - Wageningen, 1988. - V.220. - P.69-75.

283. Khalil R.M., Midan A.A., Hatem A.K.. Breeding studies of some characters in tomato Lycopersicon esculentum Mill. - Ata Horticul, 1988. V. 220. - P. 77-83.

284. Khapre P.R., Deokar A.B., Wanjari K.B.. Inheritanc of sptneness in Solanum melpngena x Solanum indicum. J. Maharashtra Agric. Univ. 1987. - P. 12,107.

285.Kruq H. Gemuseproduktion Ein Lehr-and Nachschlagewerk aur studibm and Praxis // Verlag Paul Parey. - Berlim e Hamburgo. 1991. -P. 108-112.

286. Latterot, H. Les fusarioses de la tomate // Rev.hortic. 1989. - P. 29-32.

287 . Madalageri B.B., Dharmatti P.R., Padanagur VG.M. Reação de genotupes de beringela a Cercospora solani e Leucinodes orbonalis. Plant Pathol. Newsl, 1988. - P. 6,26.

288. Maiero M., No I.J., Barksdale T.H.. Inheritance of gollar rot resistance in the tomato breeding lines C 1943 and NOEBR-2. - Phytopath, 1990. - V.80. № 12. - P. 1365-1368.

289. Manedov M.L., Pyshnaja O.N.. Breeding of sweet pepper for earliness. In: Eucarpia, IX- th meeting on Genetics and Breeding on Capsicum and Eggplant. - Budapeste, 1995. - p. 120-124.

290. Pawar D.B., Mote U.N., Kale P.N., Ajri D.S. Promising resistant sourses for jassid and fruit borer in brinjal. - Curr. Res, Rep., Mahatma Arg. Univ., 1987. - P.3,81.

291. Rasmusson J. Effects of mass selection in mangest. Hereditas 1932. - № 16. - P. 249-256.

292. Perring T.M., Farrar C.A. Historical perspective and current world status of the tomato russet mite (Acari: Eriophidae) // Department of Enomol. Univ. of California Rev. - Califórnia. 1986. - P. 19.

293. Stroman G.H.. Variabilidade e correlação num programa de melhoramento do algodão. "Jour.Agric.Res., 1954, p. 353-364.

ÍNDICE DE CONTEÚDOS

INTRODUÇÃO 4

CAPÍTULO i REVISÃO DA LITERATURA 9

CAPÍTULO II. LOCALIZAÇÃO, CONDIÇÕES, MATERIAIS E METODOLOGIA 35

ACTIVIDADES DE INVESTIGAÇÃO 35

CAPÍTULO III. ESTUDO COMPARATIVO DOS MÉTODOS APLICADOS DE PRODUÇÃO DE SEMENTES DE ELITE COM O OBJECTIVO DE SEREM UTILIZADOS NA MELHORIA DO SISTEMA DE PRODUÇÃO DE SEMENTES DE ALGODÃO NA REPÚBLICA 41

CAPÍTULO IV. ESTUDO COMPARATIVO DA FIABILIDADE DA AVALIAÇÃO FAMILIAR EM VIVEIROS DE SEMENTES ATRAVÉS DE RASTREIO NO CAMPO E DE ANÁLISES LABORATORIAIS 70

CAPÍTULO V. MÉTODO DE CONSANGUINIDADE PARA A PRODUÇÃO DE SEMENTES (SELECÇÃO INDIVIDUAL COMBINADA COM AUTOPOLINIZAÇÃO) NA PRÉ-MELHORIA 112

CAPÍTULO VI CERTIFICAÇÃO DE VARIEDADES (IDENTIFICAÇÃO) DE SEMENTES 134

CONCLUSÃO 151

LISTA DE REFERÊNCIAS 154

Printed by Books on Demand GmbH, Norderstedt / Germany